MIEUX CONSOMMER
grâce aux mathématiques

Tome 1

Évelyne Adam, Gilles Damamme
& Hélène Ventelon

MIEUX CONSOMMER
grâce aux mathématiques

Tome 1

Hermann

www.editions-hermann.fr

ISBN 978 27056 8011 4

SOMMAIRE

EXERCICES

PRÉFACE
par André Antibi

Lorsque mon collègue Gilles Damamme, ancien président de l'assemblée des directeurs d'Irem, m'a demandé de préfacer ce livre, je ne savais pas exactement quel en était le contenu. Les premières pages m'ont un peu dérouté car les exercices m'ont semblé classiques et trop élémentaires, et je me demandais comment il était possible d'écrire tout un livre sur la consommation...

En le lisant, je me suis rendu compte très rapidement qu'il s'agissait de problèmes bien plus profonds, relatifs à des questions d'actualité importantes : économies d'énergie, gestion d'un budget, crise économique, le jeu et ses dangers...

Mais le point qui m'a semblé le plus important dans ce livre est le suivant : des connaissances mathématiques du collège peuvent suffire à résoudre de nombreux problèmes de la vie quotidienne qui, souvent, peuvent sembler insurmontables. Il s'agit d'une question essentielle pour l'enseignement des mathématiques dont certains ne voient pas l'utilité dans la vie de tous les jours. Ce point de vue peut se comprendre car on n'accorde peut-être pas une importance suffisante à des problèmes tels que ceux qui sont proposés dans ce livre.

On peut s'interroger sur le type de public visé par un tel ouvrage, et susceptible d'être motivé et intéressé par sa lecture. C'est un problème auquel je suis particulièrement sensible : le décalage entre la motivation de l'enseignant et celle de ses élèves.

En d'autres termes, un problème peut paraître motivant à l'enseignant et ne pas l'être pour les élèves. Ce phénomène est très général et n'est donc pas spécifique aux activités proposées dans ce livre. Il serait intéressant d'étudier cette question pour le type de problèmes présentés dans cet ouvrage. *A priori*, je pense qu'une majorité d'élèves devraient être plus motivés par de tels exercices que par ceux qu'ils traitent usuellement en classe. Mais il convient d'être prudents lorsque l'on émet ce type d'opinion *a priori*, et de s'en assurer en questionnant les élèves.

Mais l'intérêt indiscutable de ce livre est son utilité pour les adultes, directement concernés par la nature des problèmes proposés, et qui, le plus souvent, se sentent incapables de les résoudre. En d'autres termes, malgré leurs connaissances scolaires, ils n'ont pas confiance, se sentent démunis, et ne maîtrisent donc pas certaines situations du quotidien. Il me semble qu'il serait utile de familiariser davantage les élèves à ce type d'activités ; la résolution de tels problèmes pourrait alors être un réflexe naturel dans leur vie future.

Il s'agit donc d'un livre original, intéressant et utile, écrit de manière claire et accessible.

Bravo à Évelyne Adam, Gilles Damamme et Hélène Ventelon pour avoir dépassé les clichés habituels en nous proposant un tel ouvrage.

INTRODUCTION

Quand on choisit un crédit avec un taux de 15 %, paye-t-on 15 % d'intérêts ? Est-ce intéressant d'acheter un récupérateur d'eau ? Est-il plus économique d'acheter un véhicule essence ou diesel ? En quoi le calcul peut-il m'aider à faire mes courses? Préparer une recette de cuisine ?

Voici quelques-unes des questions auxquelles tente de répondre cet ouvrage, dans le but de mieux consommer. Mais si consommer mieux signifie économiser et retrouver du pouvoir d'achat, cela signifie aussi consommer de manière plus utile, plus saine et plus pertinente.

Les exercices proposés en général dans les manuels sont souvent conçus de manière à illustrer une notion et faciliter son apprentissage. Dans notre ouvrage, nous partons au contraire de situations de la vie courante, prises dans le cadre de la consommation, et opérons des choix pour permettre de les aborder avec les outils mathématiques appris au collège. Ce long travail de défrichage, de simplification et d'approximation réduit le chemin entre une notion et son application.

Nous avons entrepris ce travail afin d'inciter chacun à s'approprier les problèmes proposés et à s'engager ainsi dans la brèche que nous avons ouverte. Les nombreux exemples que nous présentons ici proposent un éventail de situations variées, offrant à chaque personne des pistes pour traiter les problèmes issus de son quotidien.

Les exercices donnent en outre aux professeurs la satisfaction de redonner du sens aux mathématiques qu'ils enseignent. Un grand nombre d'entre eux ont été testés en classe et ont parfois rencontré beaucoup d'intérêt de la part de certains élèves.

Ces activités s'inscrivent naturellement dans la lignée des dernières réformes des programmes : socle commun, pratique du calcul mental, thèmes de convergence pour le collège, mais aussi dans toute démarche citoyenne visant à rendre les élèves plus responsables.

COMMENT UTILISER CE LIVRE ?

Les exercices que nous vous proposons dans ce premier tome sont de niveau collège et peuvent être aussi abordés en lycée professionnel. Tous les exercices proposés sont corrigés.

Au début de chaque exercice figurent les connaissances requises pour faire l'exercice. À la fin de la correction figure parfois un commentaire : il peut être d'ordre pédagogique, donner des indications sur la manière dont l'exercice a été construit ou peut être prolongé.

L'enseignant pourra adapter chaque exercice en fonction du temps qu'il souhaitera y consacrer et de la façon dont il voudra l'aborder : il pourra l'écourter, le modifier, en changer les données, le proposer en classe ou en devoir à la maison.

Les exercices peuvent aussi servir de modèles pour répondre à des questions ou des situations apportées par les élèves.

Plusieurs exercices utilisent le tableur comme outil.

La plupart du temps, les calculs effectués dans la correction des exercices conservent les unités afin de donner du sens et de préserver la cohérence. Parfois, nous avons seulement indiqué l'unité à la fin du calcul.

Dans la conclusion, nous essayons de dresser un bilan non exhaustif de notre travail, et de donner quelques conseils qui dépassent parfois le cadre mathématique de notre ouvrage. Certains de ces conseils peuvent s'adresser à tout consommateur.

Enfin, un index en fin de livre permet de renvoyer à des exercices suivant certains thèmes ou notions.

Ce livre a été écrit avec des objectifs d'ordre pédagogique (comme donner du sens aux mathématiques enseignées, apprendre à modéliser,...) et d'ordre éthique (comme rendre les élèves plus autonomes et responsables face à la consommation, lutter contre le surendettement,...). Pour savoir si ces objectifs ont été atteints, il est important pour nous d'avoir des retours. Aussi, laissons-nous à votre disposition une adresse électronique (voir ci-dessous) afin que vous puissiez nous faire part de vos commentaires, voire de vos encouragements.

Malgré toute l'attention, le travail, l'énergie que nous avons mis pour faire ce livre, il reste encore très perfectible, et quelques erreurs et maladresses subsistent probablement encore. L'adresse que nous mettons à votre disposition vous permettra aussi de nous en faire part, et de nous adresser vos suggestions et critiques constructives.

Ces remarques nous permettront de poursuivre notre travail, de vous informer en retour des conseils les plus pertinents.

mathetconso@yahoo.fr

EXERCICES

ACHATS PAR LOTS

Connaissances requises :

Connaître l'addition et la multiplication de nombres décimaux.

1 *Dans un magasin, la bouteille de 50 centilitres d'huile d'olive vierge est vendue 6,90 €.*
Le lot de trois bouteilles est vendu 18 €.

- Est-ce plus intéressant d'acheter le lot de trois bouteilles ?
- Si c'est le cas, quelle est l'économie réalisée ?

2 *Marvin voit à l'entrée du supermarché un lot de trois boîtes de biscuits apéritif sur lesquels il est indiqué : « Prix-choc : 3,37 € le lot de trois boîtes ». Un peu plus loin, il voit les mêmes boîtes de biscuits apéritif vendues à l'unité au prix de 0,97 € la boîte.*

- Est-ce plus intéressant d'acheter les boîtes par lot de trois ?
- Indiquer l'économie ou la perte réalisée pour l'achat de trois boîtes.

3 *Laura peut acheter par correspondance du café par paquets de 250 g au prix de 2,85 € le paquet ou par paquets de 1 kilo à 11 € le paquet.*

- Est-ce plus intéressant d'acheter ce café par paquets d'un kilo ?
- Indiquer l'économie ou la perte réalisée pour l'achat d'un kilo de café.
- Mêmes questions avec du café 100 % Arabica vendu 3,10 € le paquet de 250 g et 12 € le paquet d'un kilo.

4 *Anthony voit dans un rayon d'un hypermarché un lot de deux boîtes de flageolets sur lesquels il est indiqué : « Prix-choc : 2,99 € le lot de deux boîtes ».*

À côté, il voit la même boîte vendue à l'unité au prix de 1,34 € la boîte.

- Est-ce plus intéressant d'acheter les boîtes par lot de deux ?
- Indiquer l'économie ou la perte réalisée pour l'achat de deux boîtes.

Dans le même rayon, il voit un lot de trois boîtes de filets de maquereaux vendu à 4,93 € le lot de trois boîtes. Ces boîtes sont aussi vendues à 1,53 € la boîte.

- Est-ce plus intéressant d'acheter les boîtes par lot de trois ?
- Indiquer l'économie ou la perte réalisée quand on achète par lots.

5 *Julien voit dans le rayon électricité d'un hypermarché un lot de 12 piles alcalines LR3 plus « 4 piles gratuites » vendu 12,90 €. Il aperçoit un peu plus loin les même piles (de la même marque) vendues par lot de 4 au prix de 3,05 € le lot de 4 piles.*

L'annonce « 4 piles gratuites » du premier lot est-elle justifiée ?

6 *Audrey a le choix entre acheter du chocolat à 2,35 € la tablette de 100 g ou par boîte de 30 barres de 45 g chacune au prix de 29,90 € la boîte.*

Dans quel cas le prix du chocolat au kilo est-il le moins cher ? (On pourra essayer de répondre à la question sans calculer exactement le prix du kilo de chocolat dans le second cas)

CORRECTIONS

1 On a :

3 x 6,90 € = **20,70 €**

Il est donc plus intéressant d'acheter ces bouteilles d'huile d'olive par lot de trois.
L'économie réalisée est de 2,70 €.

2 On a :

3 x 0,97 € = 2,91 €
3,37 € - 2,91 € = **0,46 €**

Il est donc plus intéressant d'acheter ces paquets de biscuits apéritif à l'unité.
L'économie réalisée est de 0,46 €.
On pouvait répondre à la première question sans faire de calcul exact en remarquant que trois fois 0,97 est inférieur à 3.

3 On a :

4 x 250 g = 1 000 g
4 x 2,85 € = 11,40 €

Il est donc plus intéressant d'acheter le café au kilo. L'économie réalisée est de **0,40 €.**

On a :

4 x 3,10 € = 12,40 €

Il est donc plus intéressant d'acheter le café 100 % Arabica au kilo.
L'économie réalisée est de **0,40 €.**

4 On a :

2 x 1,34 € = 2,68 €
2,99 € - 2,68 € = **0,31 €**

Il est donc plus intéressant d'acheter les boîtes de flageolets à l'unité.
L'économie réalisée est de 0,31 €.

On a :

3 x 1,53 € = 4,59 €
4,93 € - 4,59 € = **0,34 €**

Il est donc plus intéressant d'acheter les boîtes de filets de maquereaux à l'unité.
L'économie réalisée est de 0,34 €.

5 Le premier lot propose 12 piles plus 4 gratuites, c'est-à-dire 16 piles. Cela revient à acheter 4 lots de 4 piles.

On a :

4 x 3,05 € = 12,20 €
12,90 € - 12,20 € = **0,70 €**

L'annonce « 4 piles gratuites » n'est donc absolument pas justifiée puisqu'acheter 4 lots de 4 piles permet de réaliser une économie de 0,70 € par rapport au premier lot proposé.

6 Dans le premier cas, acheter 1 kilo revient à acheter 10 tablettes de 100g : le kilo de chocolat reviendra donc dans ce cas à **23,50 €**.

La masse de 30 barres de 45 g est de :

30 x 45 g = **1350 g**

Pour avoir la même masse, il faudrait acheter plus de 13 tablettes de chocolat de 100 g.

Le prix de 13 tablettes est de :

13 x 2,35 € = **30,55 €**

Le prix du chocolat au kg est le moins cher dans le deuxième cas.

* * *

Commentaires :

Dans l'exercice 6, on peut faire le calcul exact du prix au kilo de chocolat (environ 22,15 €) en utilisant la méthode décrite dans la solution de l'exercice 33.

FABRIQUER DU PAIN
SOI-MEME

Connaissances requises :

- *Multiplication des nombres décimaux*
- *Proportionnalité*

7 *Madame Dupuis a acheté une machine à fabriquer du pain au prix de 40 €. Pour faire du pain avec cette machine, elle utilise des paquets de préparation pour pain spéciaux à base de farine, levure, etc., chaque paquet de un kilo coûtant 0,95 €.*

Pour faire un pain d'environ 1,1 kilo, il lui faut 750 grammes de préparation et 360 millilitres d'eau. En deux ans, elle a fait 300 pains de cette taille.

1) Combien de kilos de préparation a-t-elle utilisé pour faire ses 300 pains ?

2) En comptant le prix de la machine, à combien lui sont revenus les 300 pains ?

3) Sachant que le prix des pains spéciaux vendus dans le commerce est d'environ 4,20 € le kilo, combien aurait-elle payé si elle avait acheté les 300 pains ?

4) Madame Dupuis a-t-elle réalisé une économie ?

Le fils de madame Dupuis souhaiterait utiliser la machine à pain pour pétrir deux baguettes. Pour chacune, il utilise 250 grammes de préparation.

5) Sachant que la quantité d'eau est proportionnelle à la quantité de préparation, combien lui faudra-t-il d'eau pour 500 grammes de préparation ?

CORRECTION

7 1) Quantité de préparation utilisée pour faire 300 pains :

0,750 kg x 300 = **225 kg**

2) En comptant le prix de la machine, le prix de revient des 300 pains est :

225 x 0,95 € + 40 € = **253,75 €**

3) Si madame Dupuis avait acheté les 300 pains, elle aurait payé :

1,1 kg x 4,2 €/kg x 300 = **1 386 €**

4) En soustrayant le premier résultat au deuxième, on trouve que madame Dupuis a donc fait une économie de **1 132,25 €**.

5) Selon les connaissances des élèves, il existe plusieurs manières de trouver la quantité d'eau cherchée.
En remarquant que :

250 g x 3 = 750 g et 250 g x 2 = 500 g

On peut faire le raisonnement suivant : pour faire une baguette avec 250 grammes de préparation, le fils de madame Dupuis utilisera trois fois moins de préparation que pour un pain. Il utilisera donc trois fois moins d'eau, c'est-à-dire :

360 ml ÷ 3 = **120 ml**

Pour faire deux baguettes, il utilisera **240 millilitres** d'eau.

BONBONS OU LECTURE ?

Connaissances requises :

- *Multiplication des nombres décimaux*
- *Division de nombres entiers*
- *Comparaison des nombres décimaux*

8 *Dans une classe de vingt-cinq élèves de CM2, Paul apporte chaque jour un paquet de bonbons qu'il partage avec tous les élèves de la classe.*

Une année scolaire se compose de 35 semaines de 4 jours.

1) Sachant que le paquet de bonbons coûte 1,80 €, calculer la dépense annuelle.

2) Sachant que chaque paquet contient 30 bonbons, calculer le nombre de bonbons que chaque élève mange pendant cette année en supposant qu'il n'y a pas d'absent et que tous les élèves mangent le même nombre de bonbons.

3) Quelle conséquence peut avoir cette consommation de bonbons sur la santé des élèves ?

Les parents d'Arnaud ont choisi de l'abonner à une revue mensuelle qu'il pourra lui aussi apporter à l'école pour en faire profiter ses camarades. La revue coûte 6 € par mois.

4) Pendant combien de temps Arnaud pourra-t-il s'abonner à cette revue s'il dispose de la somme dépensée par Paul à la question 1 ?

Arnaud a trouvé une deuxième revue qui lui ferait plaisir et qui coûte 7,90 € par mois.

5) Peut-il s'acheter les deux revues pour l'année s'il dispose de la somme calculée à la première question ?

CORRECTION

8 1) La somme dépensée par Paul pour cette année scolaire est de :

35 x 4 x 1,8 € = **252 €**

2) Le nombre total de bonbons pour une année est :

35 x 4 x 30 = **4 200**

Le nombre de bonbons par élève et par an est :

4 200 ÷ 25 = **168**

3) Conséquence sur la santé : on peut avoir une réflexion sur la consommation journalière qui risque de devenir une habitude et qui va provoquer :

- des problèmes d'obésité chez les enfants,
- et des caries dentaires.

On peut aussi faire réfléchir les enfants sur le diabète car on peut être confronté à ce problème dans certaines classes.

4) Coût de la revue pour l'année :

6 € x 12 = **72 €**

Le nombre de mois pendant lesquels Arnaud peut s'offrir sa revue avec 252 € est de :

252 € ÷ 6 € = **42**

Arnaud peut s'offrir sa revue pendant 42 mois.

5) La dépense annuelle pour la deuxième revue est de :

7,90 € x 12 = **94,80 €**

La dépense pour les deux revues pour l'année est de :

72 € + 94,8 € = **166,80 €**

Or 166,80 < 252. Arnaud aura donc un budget moins important pour ses deux revues que Paul pour ses bonbons..

LES TICKETS DE CAISSE INCOMPLETS

Connaissances requises :

- *Additions et soustractions de plusieurs nombres décimaux*
- *Calcul mental*

9 *Observer le ticket de caisse déchiré ci-dessous et essayer de trouver mentalement une approximation du prix total des articles sur le ticket :*

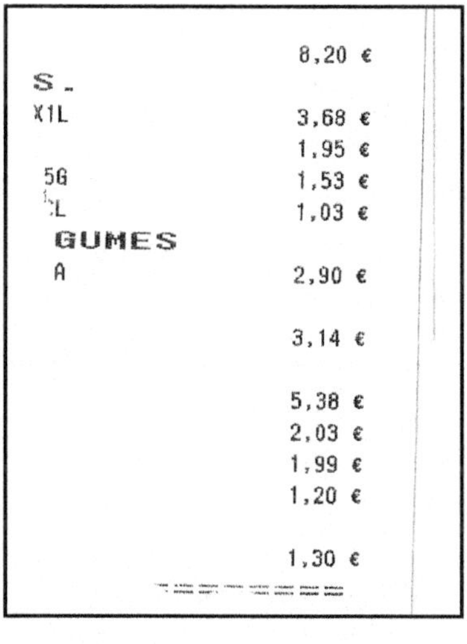

	8,20 €
S.	
X1L	3,68 €
	1,95 €
5G	1,53 €
L	1,03 €
GUMES	
A	2,90 €
	3,14 €
	5,38 €
	2,03 €
	1,99 €
	1,20 €
	1,30 €

Donner un ordre de grandeur en euros du montant du ticket de caisse.

10 *Observer le ticket de caisse ci-dessous :*

Opérateur	Date	Heure	TPV	Ticket
101 SA	24/12/08	17:16	12	118260

>>>> CREMERIE L.S.

EMMENT.PAST.RAPE B/VU 28% 500G	3,33 €
FROM.FRAIS VANILLE 2,7%MG U X8	2,10 €
MOUSSE CHOC.LAIT/NOIR U 8X12CL	1,85 €

>>>> FROMAGE A LA COUPE

ST NECTAIRE FERMIER AOC 27%MG	3,95 €
COMTE AOC 6M.32%MG +/-300G PEM	3,92 €
GOUDA CUMIN 48%MG	2,31 €

>>>> CHARC. TRAIT. SAUC. SEC

JAMBON CRU FUME B.VU 13TR 200G	2,12 €

==========

TOTAL 7 Article(s) ?

CHEQUE DEJEUNER 7,35 €
1 x 7,35 EUR
N° série: 21182459266007351008

CHEQUE DEJEUNER 7,35 €
1 x 7,35 EUR
N° série: 21182459367007351008

Le prix total a été effacé.

- Est-ce que les deux chèques déjeuner de 7,35 € sont suffisants pour payer ?

- Si la personne qui paie donne deux chèques déjeuner et un billet de 10 €, déterminer à l'euro près combien devra lui rendre la caissière.

CORRECTIONS

9 Une manière de trouver une approximation du prix total des articles est d'arrondir chaque prix à l'entier le plus près et de faire le total ; on obtient ainsi :

$$8 + 4 + 2 + 2 + 1 + 3 + 3 + 5 + 2 + 2 + 1 + 1 = \mathbf{34}$$

Une autre manière de trouver une approximation du prix total des articles est d'arrondir chaque prix à 0,5 près, et de faire le total ; on obtient ainsi :

$$8 + 3{,}5 + 2 + 1{,}5 + 1 + 3 + 3 + 5{,}5 + 2 + 2 + 1 + 1{,}5 = \mathbf{34}$$

On obtient ici le même total par cette méthode.

10 On utilise les mêmes méthodes que dans l'exercice précédent pour trouver une approximation du prix total des articles ; on obtient successivement :

$$3 + 2 + 2 + 4 + 4 + 2 + 2 = \mathbf{19}$$

$$3{,}5 + 2 + 2 + 4 + 4 + 2{,}5 + 2 = \mathbf{20}$$

Le prix est donc vraisemblablement compris entre 19 € et 20 €.

Deux chèques déjeuners de 7,35 € ne sont donc pas suffisants pour payer.

Si la personne qui paie donne deux chèques déjeuner de 7,35 € et un billet de 10 €, c'est-à-dire 24,70 €, la caissière devra lui rendre environ **5 €**.

* * *

Commentaires :

On pourra, à l'aide de la calculatrice, vérifier que les ordres de grandeur obtenus sont proches du montant exact des tickets (respectivement 34,33 € et 19,58 €).

LES TICKETS RESTAURANT

Connaissances requises :

Connaître l'addition, la multiplication de nombres décimaux et la division des entiers

11 *Monsieur et madame Legrand vont une fois par semaine au restaurant le midi. Au moment de payer l'addition, ils en payent une partie à l'aide de tickets restaurant et le reste en espèces. (Les tickets restaurant sont des bons d'achats d'une certaine valeur qui permettent aux employés des entreprises travaillant toute la journée et habitant loin de leur entreprise de se restaurer le midi.)*

Comme les commerçants ne rendent pas la monnaie sur les tickets restaurant, monsieur et madame Legrand s'arrangent pour que la somme payée en tickets soit toujours inférieure à l'addition.

1) *La première semaine, l'addition est de 22 €. Ils donnent au serveur deux tickets restaurant d'une valeur de 7,20 € chacun et un billet de 20 €.*

Combien de monnaie le serveur doit-il leur rendre ?

2) *La deuxième semaine, l'addition est de 31 €. Ils donnent au serveur trois tickets restaurant d'une valeur de 7,20 € chacun et un billet de 10 €.*

Combien de monnaie le serveur doit-il leur rendre ?

3) *La fois suivante, la valeur de leurs tickets restaurant a augmenté. Elle est désormais de 7,35 € l'un. L'addition est de 26 €. Ils donnent au serveur deux tickets restaurant et un billet de 20 €.*
Combien de monnaie le serveur doit-il leur rendre ?

4) *La quatrième semaine, madame Legrand a pris une formule à 12 € et monsieur Legrand un menu à 15,50 €.*
- Quel est le montant de l'addition ?
- S'ils donnent au serveur deux tickets restaurant d'une valeur de 7,35 € chacun, doivent-ils donner en plus un billet de 5 €, un billet de 10 € ou de 20 € pour payer l'addition ?
- Combien de monnaie doit alors leur rendre le serveur ?

5) *La semaine d'après, l'addition est de 19,60 €. Ils donnent au serveur deux tickets restaurant d'une valeur de 7,35 € chacun et un billet de 10 €.*
Combien de monnaie le serveur doit-il leur rendre ?

6) *La semaine suivante, l'addition est de 17,20 €. Ils donnent au serveur un seul ticket restaurant d'une valeur de 7,35 € et un billet de 10 €.*
Combien de monnaie le serveur doit-il leur rendre ?

7) *La fois d'après, l'addition est de 27 €. Ils donnent à la serveuse trois tickets restaurant à 7,35 € l'un et un billet de 5 €.*
Est-ce suffisant pour payer l'addition ?

8) *Enfin, la dernière semaine avant les vacances, l'addition est de 26 €. Ils donnent au serveur trois tickets restaurant à 7,35 € chacun et 4 € en monnaie. Le serveur leur rend 0,50 €.*
S'est-il trompé dans ses calculs ?

12 *Les conditions sont les mêmes que pour l'exercice précédent.*

1) *Trois personnes vont ensemble au restaurant. Ils ont des tickets restaurant d'une valeur de 7 € l'un.*
- Combien peuvent-ils en donner au maximum sans dépasser le montant de l'addition si celui-ci est de 40 € ?
- Même question avec un montant de 54 €, de 53 €, de 34 € et de 43 €.

2) *Dans cette question, on suppose que les trois personnes ont des tickets restaurant d'une valeur de 7,20 €.*
- Combien peuvent-ils en donner au maximum sans dépasser le montant de l'addition si celui-ci est de 41 € ?
- Même question avec un montant de 49 €, de 32 €, de 40,20 € et de 59,90 €.

3) *Dans cette question, on suppose cette fois que les trois personnes ont des tickets restaurant d'une valeur de 7,35 €.*
- Combien peuvent-ils en donner au maximum sans dépasser le montant de l'addition si celui-ci est de 35 € ?
- Doivent-ils rajouter un billet de 5 € ou de 10 € pour payer l'addition en entier ?
- Combien de monnaie doit alors leur rendre le serveur ?
- Reprendre les mêmes questions avec un montant de 54 €, de 58,60 €, de 36,70 € et de 41,10 €.

CORRECTIONS

11 1) On a :

$$2 \text{ x } 7{,}20 \text{ €} = 14{,}40 \text{ €}$$
$$14{,}40 \text{ €} + 20 \text{ €} = 34{,}40 \text{ €}$$
$$34{,}40 \text{ €} - 22 \text{ €} = \mathbf{12{,}40 \text{ €}}$$

Le serveur devra donc leur rendre 12,40 €.

2) On a :

$$3 \text{ x } 7{,}20 \text{ €} = 21{,}60 \text{ €}$$
$$21{,}60 \text{ €} + 10 \text{ €} = 31{,}60 \text{ €}$$
$$31{,}60 \text{ €} - 31 \text{ €} = \mathbf{0{,}60 \text{ €}}$$

Le serveur devra donc leur rendre 0,60 €.

3) On a :

$$2 \text{ x } 7{,}35 \text{ €} = 14{,}70 \text{ €}$$
$$14{,}70 \text{ €} + 20 \text{ €} = 34{,}70 \text{ €}$$
$$34{,}70 \text{ €} - 26 \text{ €} = \mathbf{8{,}70 \text{ €}}$$

Le serveur devra leur rendre 8,70 €.

4) Le montant de l'addition est de :

$$12 \text{ €} + 15{,}50 \text{ €} = \mathbf{27{,}50 \text{ €}}$$

La somme S restant à payer est de :

$$S = 27{,}50 \text{ €} - 7{,}35 \text{ € x } 2$$
$$S = 27{,}50 \text{ €} - 14{,}70 \text{ €}$$
$$S = \mathbf{12{,}80 \text{ €}}$$

Ils peuvent donner un billet de 5 € et un billet de 10 €, ou bien un billet de 20 €.

La somme que va rendre le serveur s'ils donnent un billet de 5 € et un billet de 10 € est de :

$$10 \text{ €} + 5 \text{ €} - 12{,}80 \text{ €} = \mathbf{2{,}20 \text{ €}}$$

La somme que va rendre le serveur s'ils donnent un billet de 20 € est de :

20 € - 12,80 € = **7,20 €**

Le serveur devra leur rendre dans ce cas 7,20 €.

5) La somme S donnée au serveur est de :

S = 10 € + 7,35 € x 2

S = 10 € + 14,70 €

S = **24,70 €**

La somme rendue est de :

24,70 € - 19,60 € = **5,10 €**

6) La somme rendue est de :

10 € + 7,35 € - 17,20 € = **0,15 €**

7) La somme donnée au serveur est de :

7,35 € x 3 + 5 € = **27,05 €**

L'addition étant de 27 €, ils ont donc donné 0,05 € en plus.

8) La somme que doit rendre le serveur est de :

3 x 7,35 € + 4 € - 26 € = **0,05 €**

Le serveur a rendu 0,50 €. Il s'est donc trompé.

12 1) Combien de tickets restaurants de 7 € les clients peuvent-ils donner pour ne pas dépasser les sommes ci-dessous ?
Pour 40 €, on sait que : 7 x 5 < 40 < 7 x 6
Donc il faut donner **5 tickets**.

Pour 54 € , on sait que : 7 x 7 < 54 < 7 x 8
Il faut par conséquent donner **7 tickets**.

Pour 53 €, on sait que : 7 x 7 < 53 < 7 x 8

Il faut donc donner **7 tickets**.

Pour 34 €, on sait que : 7 x 4 < 34 < 7 x 5
On en déduit qu'il faut **4 tickets**.

Pour 43 €, on sait que : 7 x 6 < 43 < 7 x 7
Il faut donner **6 tickets** pour ne pas dépasser la somme.

2) Combien de tickets restaurants de 7,20 € les clients peuvent-ils donner pour ne pas dépasser les sommes ci-dessous ?
Pour 41 €, on sait que : 7,2 x 5 = 36 et 7,2 x 6 = 43,2
Il faut donner **5 tickets** pour ne pas dépasser la somme.

Pour 49 €, on sait que : 7,2 x 6 = 43,2 et 7,2 x 7 = 50,4
Dans ce cas, il faut donner **6 tickets**.

Pour 32 €, on sait que : 7,2 x 4 = 28,8 et 7,2 x 5 = 36
Il faut donner **4 tickets**.

Pour 40,20 €, on sait que : 7,2 x 5 = 36 et 7,2 x 6 = 43,2
Il faut donner **5 tickets**.

Pour 59,90 €, on sait que : 7,2 x 8 = 57,6 et 7,2 x 9 = 64,8
Par conséquent, il faut donner **8 tickets**.

3) Combien de tickets restaurants de 7,35 € peuvent donner les clients pour ne pas dépasser la somme ?
Pour 35 €, on sait que : 7,35 € x 4 = 29,40 €
et 7,35 € x 5 = 36,75 €
Il faut donner **4 tickets**.

Somme restant à payer :
35 € - 29,40 € = **5,60 €**

Il faut donc donner en **plus un billet de 10 €**.

Somme que va rendre le serveur :
10 € - 5,60 € = **4,40 €**

Pour 54 €, on sait que : 7,35 € x 7 = 51,45 €
et : 7,35 € x 8 = 58,80 €
Il faut donner **7 tickets**.

La somme restant à payer est de :
54 € - 51,45 € = **2,55 €**

Il faut donner un billet de **5 € pour compléter**.

La somme que va rendre le serveur est de :
5 € - 2,55 € = **2,45 €**

Pour 58,60 €, on sait que : 7,35 € x 7 = 51,45 €
et : 7,35 € x 8 = 58,80 €
Il faut donner **7 tickets** pour ne pas dépasser la somme.

La somme restant à payer est de:
58,60 € - 51,45 € = **7,15 €**

Il suffit de donner en **plus un billet de 10 €** pour payer.

La somme que va rendre le serveur est de :
10 € - 7,15 € = **2,85 €**

Pour 36,70 €, on sait que : 7,35 € x 4 = 29,40 €
et : 7,35 € x 5 = 36,75 €
Il faut donc donner **4 tickets**.

La somme restant à payer est de:
36,70 € - 29,40 € = **7,30 €**

Il faut donc donner en **plus un billet de 10 €**.

La somme que va rendre le serveur est de :
10 € - 7,30 € = **2,70€**

Pour 41,10 €, on sait que : 7,35 € x 5 = 36,75 €
et 7,35 € x 6 = 44,10 €
Par conséquent, il faut donner **5 tickets**.

La somme restant à payer est de:

41,10 € - 36,75 € = **4,35 €**

Il faut donc donner en **plus un billet de 5 €**.

La somme que va rendre le serveur est de :

5 € - 4,35 € = **0,65 €**

* * *

Commentaires :

L'exercice 11 est issu de situations réelles : il est intéressant de noter que presque une fois sur deux, la personne effectuant le calcul s'est trompée, alors qu'elle le faisait parfois à l'aide d'une calculatrice. Le calcul mental s'avère donc nécessaire dans ce cas, au moins pour avoir une évaluation du résultat.

Néanmoins, l'exercice peut être aussi fait à l'aide de la calculatrice : il permet alors d'utiliser la touche « quotient» ainsi que celle indiquant la réponse.

La première question de l'exercice 12 permet une familiarisation avec le quotient approché entier par défaut et par conséquent, avec la division euclidienne.

On pourra créer d'autres exercices sur le même modèle avec des tickets restaurant ayant pour valeur 6 €, 8 €, etc.

Il est à noter que même pour ces calculs simples, on peut utiliser le calcul réfléchi : dans la correction de l'exercice 11, on effectue au 1), au 2) et au 3) une addition et une soustraction, alors qu'au 4), on effectue deux soustractions et une addition pour déterminer la monnaie que devra rendre le serveur.

À LA RECHERCHE DE LA MEILLEURE OFFRE

Connaissances requises :

- *Multiplication des nombres décimaux*
- *Application d'un taux de pourcentage*
- *Proportionnalité*

13 *En faisant ses courses, Madame Ecomy a vu dans un rayon du café pur arabica à 2,44 € le paquet de 250 g et des gâteaux au citron à 1,02 € le paquet de 85 g. Au bout du rayon, elle voit le même café vendu dans une boîte en carton et contenant deux paquets de 250 g au prix de 5,17 €. Elle voit également les mêmes gâteaux par lot de trois paquets de 85 g au prix de 2,50 € le lot.*

Comme Madame Ecomy est très économe, que va-t-elle choisir ? Expliquer votre démarche.

14 1) *Paul reçoit deux publicités du même ordinateur portable :*
Sur celle du magasin « Pascher », il lit 835 € H.T.
Sur celle du magasin « Horpri », il lit 998,66 € T.T.C.

Sachant que la T.V.A. s'élève à 19,6 %, dans quel magasin va-t-il acheter son ordinateur portable ?

2) *Il veut aussi acheter deux cartouches d'encre noire.*

Dans le magasin « Pascher », elles sont vendues 16,71 € H.T. chacune.

Dans le magasin « Horpri », elles sont vendues 19,90 € T.T.C. chacune.

Dans quel magasin va-t-il acheter ses cartouches d'encre ?

15 *Une personne va à la foire. Elle s'est intéressée à un nettoyeur-vapeur. Il est affiché à 1 200 € avec en cadeau un porte accessoires (sorte de sac qui se suspend à l'appareil). Après discussion, le vendeur lui propose une remise de 100 € si elle accepte d'acheter l'appareil de démonstration.*

De retour chez elle, elle ouvre son catalogue de vente par correspondance et elle voit le même nettoyeur-vapeur à 699,99 € (sans le porte accessoires). Sa carte lui permet de bénéficier pendant quinze jours d'une remise de 20 %. Les frais de port s'élèvent à 5,50 €.

Quelle économie a-t-elle réalisée en achetant son nettoyeur-vapeur par correspondance ?
Le porte accessoires était-il vraiment un cadeau ?

16 *Un dimanche matin, une personne va au marché. Elle passe devant l'étal d'un marchand de poisson, observe les soles et lit l'étiquette ci-dessous :*

1 kg = 11 €
2 kg = 20 €
3 kg = 23 €

Elle s'arrête et commande trois kilos de soles.

La poissonnière lui dit : « Ce n'est pas écrit, mais vous pouvez prendre 4 kg pour 30 € ».

Quelle est l'offre la plus intéressante ?

CORRECTIONS

13 Le prix de deux paquets de café achetés au détail est :

2,44 € x 2 = **4,88 €**

Le paquet de café au détail est moins onéreux que par lot.

Le prix de trois paquets de biscuits achetés au détail est :

1,02 € x 3 = **3,06 €**

L'achat du lot de biscuits est moins onéreux que l'achat au détail.

Madame Ecomy achètera donc deux paquets de café au détail et un lot de trois paquets de biscuits pour une somme de :

4,88 € + 2,50 € = **7,38 €**

14 1) Le prix de l'ordinateur portable dans le magasin « Pascher » est de :

835 € + 0,196 x 835 € = **998,66 €**

L'achat de l'ordinateur portable dans l'un ou l'autre des deux magasins est équivalent.

2) Le prix des deux cartouches dans le magasin « Pascher » est de:

2 (16,71 € + 16,71 € x 0,196) = **39,97 €**

Le montant du prix des deux cartouches dans le magasin « Horpri » est de:

2 x 19,90 € = **39,80 €**

S'il achète les cartouches dans le magasin « Horpri », Paul fait une économie de :

39,97 € - 39,80 € = **0,17 €**

<u>15</u> Soit P le prix de revient du nettoyeur-vapeur acheté par correspondance.
On a :

$$P = 699{,}99\text{ €} \times \left(1 - \frac{20}{100}\right) + 5{,}50\text{ €}$$

$$P = 699{,}99\text{ €} \times \frac{80}{100} + 5{,}50\text{ €}$$

$$P = 559{,}99\text{ €} + 5{,}50\text{ €} = 565{,}49\text{ €}$$

L'économie réalisée par rapport au prix du nettoyeur-vapeur de démonstration est de :

1 100 € - 565,49 € = **534,51 €**

Si elle avait acheté son nettoyeur-vapeur à la foire, elle aurait eu un porte accessoires, mais celui-ci lui aurait coûté : 534,51 €.

<u>16</u> Prix d'un kilo de soles en les achetant par 2 kg :

20 € ÷ 2 = **10 €**

Prix d'un kilo de soles en les achetant par 3 kg :

23 € ÷ 3 ≅ **7,67 €**

Prix d'un kilo de soles en les achetant par 4 kg :

30 € ÷ 4 = **7,50 €**

La dernière offre est la plus avantageuse.

AU FIL DES COURSES…

Connaissances requises :

- *Techniques de calcul réfléchi ou mental*
- *Multiplications des nombres décimaux posées ou en ligne*
- *Application d'un taux de pourcentage*
- *Proportionnalité*
- *Produits remarquables ou distributivité de la multiplication par rapport à l'addition*
- *Arrondi d'un calcul.*

17 *Première offre : trois paquets de café pour 6,60 €*

Deuxième offre : deux paquets de café pour 4,60 € (avec un bon de réduction immédiat de 0,30 €)

Troisième offre : le paquet de café pour 2,50 € (avec en cadeau deux petits chocolats)

Quelle offre choisir ?

18 *Dans une vitrine, un jean valant 60 € est soldé 52,80 €. Dans une autre vitrine, le même jean est affiché à 55 € et dans ce magasin, je bénéficie d'une remise de 3 %.*

Quel magasin choisir ?

19 *J'achète à la boulangerie 2 baguettes à 0,85 € l'une, 3 pains au chocolat à 0,95 € pièce et une tarte aux fraises à 2,10 €. Je donne un billet de 10 € et la vendeuse me rend 3,25 €.*

A-t-elle fait une erreur ?

20 *À la recherche de CD, j'hésite entre deux propositions :*
- 10 CD pour 12 € avec les pochettes individuelles comprises.
- 8 CD pour 6 € et 0,25 € en plus par pochette individuelle.

Quelle proposition vais-je choisir ?

21 *Le prix d'un litre d'essence est affiché à 1,40 € sur le panneau d'affichage d'un commerce.*

À 10 km de là, le litre d'essence est affiché à 1,30 €.

Ma voiture consomme 5 litres aux 100 km.

Ai-je intérêt à faire 20 km de plus pour acheter 50 litres d'essence ?

22 *Chez le boulanger, une personne achète un pain au chocolat à 0,90 €, une assiette de petits fours à 15 € et une tartelette à 1,10 €.*

Combien va payer cette personne ?

23 *La moyenne de consommation de diesel de ma voiture est de 8L/100 km à 50 km/h, 6L/100 km à 90 km/h, 7L/100 km à 130 km/h.*

J'effectue 25 km à 50 km/h, 60 km à 90 km/h et 80 km à 130 km/h.

a) Quelle est la consommation moyenne sur ce trajet ?
b) Quel est le coût de revient moyen aux 100 km pour ce trajet sachant que le prix du litre de diesel est de 1,031 € ?

24 *Une personne achète sur le marché 2 laitues à 0,80 € l'une, 2 kg de pommes de terre à 0,70 € le kg et 2 kg de pommes à 2,20 € le kg.*

Quelle somme cette personne a-t-elle dépensée ?

25 *Pour son anniversaire, Charlotte a invité 15 amies et le goûter qu'elle veut acheter lui revient à 2,50 € par personne.*

Quelle somme Charlotte va-t-elle dépenser pour ce goûter ?

26 *Un libraire a acheté 25 cartons de livres à 32 € le carton.*

Quel est le montant de sa facture sachant que son fournisseur lui fait une remise de 2 % ?

27 *Pour clore son terrain, une personne achète 43 plaques en ciment vendues 37 € l'une T.T.C.*

Calculer le montant de la dépense.

<u>28</u> *Eric veut organiser un repas au restaurant pour ses 46 ans. Le menu est affiché à 35 € par personne (boissons et apéritifs compris) et il a invité 34 de ses amis.*

Calculer le coût du repas de son anniversaire.

<u>29</u> *Madame Brodetout prépare des napperons pour une kermesse et doit acheter 7,5 m de ruban coûtant 5 € le mètre et 15 m de toile à 5 € le mètre.*

Quelle somme va-t-elle dépenser ?

CORRECTIONS

__17__ Dans la première offre, le café revient à 2,20 € le paquet. Dans la deuxième offre, le café revient à 2,30 € le paquet (en ne tenant pas compte des bons de réduction), et dans la troisième, il revient à 2,50 € le paquet. Les petits chocolats (si on estime à 10 ou 20 centimes d'euro leur prix) ne compensent pas la hausse de prix.

On peut estimer que le prix payé pour six paquets :
- dans la première offre, est de **13,20 €**.
- dans la deuxième offre, en tenant compte des deux bons de réduction, est de **12,90 €**.

C'est donc la seconde offre qui est la plus intéressante.

__18__ Avec la réduction de 3 %, le jean affiché à 55 € revient à **53,35 €**. C'est donc le premier magasin qui est le plus intéressant.

__19__ Pour les 2 baguettes à 0,85 € l'une, les 3 pains au chocolat à 0,95 € pièce et la tarte aux fraises à 2,10 €, je dois payer en tout **6,65 €**. La vendeuse doit me rendre **3,35 €** et non 3,25 €.

__20__ Dans la première proposition, le CD revient à **1,20 €**. Dans la deuxième, en rajoutant le prix des pochettes, le CD revient à **1 €**. C'est donc cette proposition qui est la plus intéressante pour l'acheteur.

21 Dans la première station-service, les 50 litres reviennent à 70 €. Dans la deuxième station-service, les 50 litres reviennent à 65 €. Pour aller à la deuxième station-service, ma voiture consommera un litre, ce qui me reviendra donc à **1,30 €**. Si je dispose d'assez de temps, le détour en vaut donc la peine.

22 La somme dépensée chez le boulanger en euros est de:

$$S = 0{,}9 + 15 + 1{,}10$$
$$S = (0{,}9 + 1{,}10) + 15$$
$$S = 2 + 15 = \mathbf{17\ €}$$

23 a- La consommation de ma voiture,

- sur le trajet de 25 km effectué à 50 km/h est de :

$$\frac{25 \text{ km}}{100 \text{ km}} = \frac{1}{4}$$

$$\frac{1}{4} \times 8 \text{ L} = \mathbf{2\ L}$$

- sur le trajet de 60 km effectué à 90 km/h est de :

$$\frac{60 \text{ km}}{100 \text{ km}} = \frac{6}{10} = 0{,}6$$

$$0{,}6 \times 6 \text{ L} = \mathbf{3{,}6\ L}$$

- sur le trajet de 80 km effectué à 130 km/h est de :

$$\frac{80 \text{ km}}{100 \text{ km}} = \frac{8}{10}$$

$$0{,}8 \times 7 \text{ L} = \mathbf{5{,}6\ L}$$

La consommation totale est de :

$$2 + 3,6 + 5,6 = \mathbf{11,2\ L}$$

La distance totale parcourue est de :

$$25 + 60 + 80 = \mathbf{165\ km}$$

La consommation moyenne est de :

$$11,2 \times \frac{100}{165} \cong \mathbf{6,8\ litres\ aux\ 100\ km}$$

b- Le coût de revient aux 100 km pour ce trajet est de :

$$1,031\ € \times 6,8 = \mathbf{7,01\ €}$$

24 La somme dépensée au marché en euros est de :

$$S = 2 \times 0,80 + 2 \times 0,70 + 2 \times 2,20$$
$$S = 2 \times (0,80 + 0,70 + 2,20)$$
$$S = 2 \times 3,70 = \mathbf{7,40\ €}$$

ou :

$$S = 2 \times 0,80 + 2 \times 0,70 + 2 \times 2,20$$
$$S = (1,60 + 1,40) + 4,40 = 3 + 4,40 = \mathbf{7,40\ €}$$

ou :

$$S = 2\ (0,80 + 2,20) + 2 \times 0,70$$
$$S = 2 \times 3 + 1,40$$
$$S = 6 + 1,40 = \mathbf{7,40\ €}$$

25 La somme dépensée par Charlotte pour son goûter en euros est de :

$$S = 15 \times 2{,}5$$
$$S = (10 + 5) \times 2{,}5$$
$$S = 10 \times 2{,}5 + 5 \times 2{,}5$$
$$S = 25 + 12{,}5$$
$$S = \mathbf{37{,}5\ €}$$

ou :

$$S = 15 \times 2{,}5$$
$$S = 15 \times 10 \div 4$$
$$S = (150 \div 2) \div 2 = 75 \div 2$$
$$S = \mathbf{37{,}5\ €}$$

26 Le montant de la facture sans la remise en euros est de :

$$S = 25 \times 32 = (20 + 5) \times 32 = 20 \times 32 + 5 \times 32$$
$$S = 640 + 160 = \mathbf{800\ €}$$

ou :

$$S = 25 \times 32 = \frac{100}{4} \times 32$$
$$S = (32 \div 4) \times 100$$
$$= 8 \times 100 = \mathbf{800\ €}$$

ou :

$$25 \times 32 = 25 \times (30 + 2) = 25 \times 30 + 25 \times 2$$
$$= 750 + 50 = \mathbf{800\ €}$$

ou :

$$25 \times 32 = (25 \times 4) \times 8 = 100 \times 8 = \mathbf{800\ €}$$

Le montant de la facture avec la remise en euros est de :

$$800 - \frac{2}{100} \times 800 = 800 - 16 = \mathbf{784\ €}$$

27 La dépense pour la clôture en euros est de :

$$D = 43 \times 37 = (40 + 3) \times (40 - 3)$$

$$D = 40^2 - 3^2 = 1\,600 - 9 = \mathbf{1\,591\ €}$$

ou :

$$D = 43 \times 37 = (40 + 3) \times 37$$

$$D = 40 \times 37 + 3 \times 37$$

$$D = 1\,480 + 111 = \mathbf{1\,591\ €}$$

ou :

$$D = 43 \times 37 = 43 \times (30 + 7)$$

$$D = 43 \times 30 + 43 \times 7$$

$$D = 1\,290 + 301 = \mathbf{1\,591\ €}$$

ou :

$$D = 43 \times 37 = 43 \times (40 - 3)$$

$$D = 43 \times 40 - 43 \times 3$$

$$D = 1\,720 - 129 = \mathbf{1\,591\ €}$$

28 En comptant Eric, il y a 35 repas à payer.

Le coût du repas de l'anniversaire est de :

$$35^2 = (30 + 5)^2 = 30^2 + 2 \times 30 \times 5 + 5^2$$

$$35^2 = 900 + 300 + 25 = \mathbf{1\,225\ €}$$

On peut aussi faire le calcul de la manière suivante :

$$35^2 = 3 \times 4 \times 100 + 25$$

$$35^2 = 1\,225$$

Démonstration pour les calculs des carrés de nombres entiers naturels se terminant par 5 : on écrit le nombre entier naturel sous la forme 10 n + 5

$$(10\ n + 5\ )^2 = 100\ n^2 + 2 \times 10\ n \times 5 + 25$$
$$(10\ n + 5)^2 = (100\ n^2 + 100\ n) + 25$$
$$(10\ n + 5)^2 = 100\ n\ (\ n + 1) + 25$$

D'où le résultat pour n = 3

29 La somme dépensée par Madame Brodetout en euros est de :

$$S = 7{,}5 \times 5 + 15 \times 5$$
$$S = (7{,}5 + 15) \times 5$$
$$S = 22{,}5 \times 5$$
$$S = (22{,}5 \times 10) \div 2$$
$$S = 225 \div 2$$
S= **112,5 €**

* * *

Commentaires :

Plusieurs exercices de cette série peuvent être résolus sans utiliser la calculatrice.

La correction des exercies 24 à 29 propose plusieurs manières de calculer pour éviter le recours à la calculatrice.

ORDRE DE GRANDEUR, CALCUL MENTAL APPROCHE

Connaissances requises :

- *Techniques de calcul mental*
- *Utilisation du calcul réfléchi*

30 1) *Un magasin affiche une réduction de 5% sur un article coûtant 387 €.*
Donner un ordre de grandeur de cette réduction.

2) *Dans un magasin d'habillement, Madame Coquette veut acheter une jupe à 88,57 €, un jean à 57,47 € et un chemisier à 49,85 €. Elle sait que dans son porte-monnaie elle n'a que 200 €.*
Peut-elle acheter les trois vêtements ?

3) *Monsieur Bricoletout achète 12 piquets coûtant 5,05 € l'un et un rouleau de 100 m de fil de fer à 17 € le rouleau. La caissière lui demande 70 €. Il lui dit : « Vous vous trompez, Madame ».*
Expliquer pourquoi.

4) *En cherchant le coût de ses achats, Pierre écrit sur sa feuille : 12,532 x 7,05 = 883,506. Paul qui est à ses côtés lui dit : « Tu te trompes ».*
Expliquer comment Paul, qui n'a ni crayon, ni calculette, a pu déceler l'erreur.

5) *François a effectué le quotient de 1 046,25 par 2,7 pour le coût d'un mètre carré de terrain et a trouvé 38,75.*
Que penser de ce résultat ?

6) *Pour Noël, Madame Fée a décidé d'acheter un tracteur pour son petit-fils. Dans la publicité du magasin « Cher », il est affiché 127 € T.T.C., mais cette semaine le magasin fait une réduction de 15 % sur tous les articles du catalogue. Dans le magasin « Plétout », il est affiché à 105 € H.T. (La T.V.A. est de 19,6 %, soit environ 20 %).*
Dans quel magasin madame Fée va-t-elle acheter le jouet ?

7) *Monsieur Ecomi a placé sur son livret de caisse d'épargne au taux de 3 % par an, la somme de 12 735 € pour un an. Avec les intérêts acquis au bout d'un an, il veut s'offrir une excursion d'une journée coûtant 300 €.*
Peut-il s'offrir cette excursion ?

8) *Edouard a effectué la somme de ses achats. Il a trouvé :*

178,85 + 375,2 + 38 625 = 39 069,05

Son calcul est-il correct ?

9) *Un client fait ses courses dans un grand magasin. Arrivé à la caisse, il pose ses courses sur le tapis. Il a acheté 3 crayons à 0,80 € l'un, 3 cahiers à 2,20 € l'un et 12 boîtes de lait à 1,05 € l'une. La caisse enregistreuse affiche 149,40 €.*

- *« Ce n'est pas possible », dit le client.*
- *« Je dois en avoir pour environ 21 € », dit-il.*

Expliquer la démarche du client.

10) *Une voiture roule sur une autoroute à une vitesse moyenne de 110 km/h par souci d'économie de carburant.*
Peut-elle parcourir 150 km en une 1h40 ?

CORRECTION

30 1) Ordre de grandeur d'une remise de 5 % sur 387 €.

$$0{,}05 \times 400\ € = 5 \times 4\ € = \mathbf{20\ €}$$

La réduction sera inférieure à 20 €.

2) Madame Coquette peut-elle acheter ses trois vêtements avec 200 € ?

Le coût de trois articles est majoré par :

$$90 + 60 + 50 = \mathbf{200\ €}$$

Le montant des achats est inférieur à 200 €, donc **elle peut s'offrir les trois vêtements**.

3) Monsieur Bricoletout à remarqué que :

$$12 \times 5 + 17 = 60 + 17 = \mathbf{77\ €}$$

Le montant de la facture est supérieur à 77 €. Or 70 < 77. Donc **la caissière s'est trompée**.

4) Pierre a écrit : 12,532 x 7,05 = **883,506**

$$12 \times 7 = \mathbf{84}$$

Le résultat de Pierre est environ 10 fois plus grand.

5) François avait trouvé : 1 046, 25 ÷ 2,7 = 38,75
Si on divise 900 par 3, le résultat est de 300. Donc **François s'est trompé en mettant sa virgule**.

6) Le choix de Madame Fée :

Magasin « Cher » : $130 - \frac{15}{100} \times 130 \cong 130 - 15$

Soit environ : **115 €**

Dans ce magasin le prix du jouet sera inférieur à 115 €.

Magasin « Plétout » :

$$100 + \frac{20}{100} \times 100 = 100 + 20 = \mathbf{120\ €}$$

Dans ce magasin le prix du jouet est supérieur à 120 €.

Madame Fée ira dans le magasin « Cher ».

7) Monsieur Ecomi peut-il s'offrir son excursion ? Si la somme placée était de 12 000 € à un taux de 3 %, les intérêts seraient de :

$$12\,000 \times \frac{3}{100} = \mathbf{360\ €}$$

La somme placée étant supérieure, les intérêts seront donc supérieurs à 360 € et par conséquent, Monsieur Ecomi pourra s'offrir son excursion.

8) Le calcul d'Edouard :

$$178{,}85 + 375{,}2 + 38\,625 = 39\,069{,}05$$

On remarque que : 375 + 38 625 = 39 000
Si l'on ajoute au résultat ci-dessus 178, on ne peut trouver un résultat inférieur à 39 178.
Edouard n'a pas fait correctement son calcul.

9) Soit M le montant des achats du client. Le client a fait le calcul suivant :

$$M = (2{,}2 + 0{,}8) \times 3 + 12$$
$$M = 3 \times 3 + 12$$
$$M = 9 + 12$$
$$M = \mathbf{21\ €}$$

Le client a bien estimé le prix.
(Le prix réel est de 21,60 €)

10) Une voiture roule à 110 km/h, peut-elle parcourir 150 km en 1h40 ?
En une heure, la voiture parcourt 110 km, donc en une demi-heure, elle parcourt 55 km.
En 1h30, la voiture parcourt 165 km et comme 1h40 est supérieure à 1h30, la voiture parcourt plus de 165 km.

Deuxième solution : en une heure, la voiture parcourt 110 km. Il lui reste donc 40 km en 40 min, donc comme sa vitesse est supérieure à 60 km/h, elle peut parcourir 150 km en 1h40.

COMBIEN DE MORCEAUX DE SUCRE CONSOMMONS-NOUS ?

Connaissances requises :

- Multiplications et divisions de nombres décimaux
- Conversion des masses

31 1) *Une personne achète une boîte de sucre de un kilo. Cette boîte contient 4 rangées de morceaux de sucre dans le sens de la largeur, 3 rangées de morceaux de sucre dans le sens de la hauteur, 14 rangées de morceaux de sucre dans le sens de la longueur.*

- Calculez le nombre de sucres qu'elle contient.
- En déduire la masse en grammes d'un morceau de sucre.

2) *Combien de morceaux de sucre prenez-vous au petit déjeuner le matin ? Prenez-vous un café le midi avec des morceaux de sucre, à cette occasion ou à un autre moment de la journée ?*

- À l'aide de ces questions, essayez d'évaluer votre consommation moyenne journalière de sucre en morceaux.
- Déduisez-en votre consommation annuelle de morceaux de sucre
- Quelle masse, en kg, représente-t-elle ?

3) *On considère maintenant la consommation de tous les produits contenant du sucre.*

En 1940, on consommait en moyenne 30 kg de sucre par an et par personne ; au début du XXIe siècle, on consomme en moyenne 70 kg de sucre par an et par personne.

- Calculez en grammes puis en kilogrammes, la consommation journalière de sucre en 1940, puis la consommation journalière actuelle.
- Quel serait dans chaque cas l'équivalent par jour en morceaux de sucre ?

32 *Un pot de pâte à tartiner au chocolat et noisettes contient 55,2 g de sucre pour 100 g. Raphaël mange environ 100 g de cette pâte à tartiner par jour.*

1) Au bout d'une semaine, combien de sucre aura-t-il consommé en mangeant cette pâte à tartiner ?
Quel équivalent cela représenterait-il en morceaux de sucre ?
2) Au bout d'un an, combien de sucre aura-t-il consommé en mangeant cette pâte à tartiner ?
Quel équivalent cela représenterait-il en morceaux de sucre ?

(On pourra utiliser pour le poids d'un morceau de sucre le résultat obtenu à l'exercice précédent)

CORRECTIONS

31 1) La boîte contient :

$$3 \times 4 \times 14 = \mathbf{168}$$

La boîte contient 168 morceaux de sucre.

Chaque morceau pèse donc environ :

$$1000 \text{ g} \div 168 \cong \mathbf{5{,}95\ g}$$

(Chaque élève pourra faire le calcul avec la boîte de sucre qu'il utilise)

2) À titre d'exemple, une personne prenant un morceau de sucre le matin dans son thé ou son café et un le midi dans son café, soit deux par jour, consommera environ annuellement :

$$2 \times 365 \times 5{,}95 \text{ g} = \mathbf{4\ 343{,}5\ g}$$

Cela fait 4 343,5 g, soit un peu plus de 4 kg par an.

3) La consommation journalière de sucre en 1940 était environ de :

$$30\ 000 \text{ g} \div 365 \cong \mathbf{82{,}19\ g}$$

Cela équivalait en 1940 à :

$$82{,}22 \text{ g} \div 5{,}95 \text{ g} \cong \mathbf{13{,}82}$$

Cela fait donc environ 14 morceaux de sucre.

Actuellement, la consommation journalière de sucre est environ de :

$$70\ 000 \div 365 \cong \mathbf{191{,}78\ g/jour}$$

Cela équivaut à :

$$191{,}78 \div 5{,}95 \cong \mathbf{32{,}23}$$

Soit environ 32 morceaux de sucre.

Conclusion : On consomme actuellement (tous produits confondus) en moyenne l'équivalent de 32 morceaux de sucre.
Remarque : La consommation de sucre est plus importante car elle ne se réduit pas uniquement à celle des morceaux de sucre. Par exemple, boire un soda de 33 cl équivaut à manger environ 5 morceaux de sucre d'un coup.

32 1) En mangeant sa pâte à tartiner au chocolat et aux noisettes, Raphaël aura consommé en une semaine :

55,2 g x 7 = **386,4 g de sucre**

Comme

386,4 g ÷ 5,95 g ≅ **64,94**

... cela représentera environ 65 morceaux de sucre par semaine uniquement pour la pâte à tartiner.

2) En une année, Raphaël aura consommé :

55,2 g x 365 = **20 148 g de sucre**

soit environ 20 kilos de sucre.

On a :

20 148 g ÷ 5,95 g ≅ **3 386,22**

Cela représentera donc environ 3 386 morceaux de sucre par an uniquement pour la pâte à tartiner.

* * *

Commentaires :

Les exercices 31 et 32 ont pour vocation d'inciter les élèves à s'intéresser à leur consommation de sucre. Ils peuvent être insérés dans une activité interdisciplinaire en lien avec les sciences de la vie et de la terre.

BIEN DOSER DANS SES RECETTES DE CUISINE

Connaissances requises :

Utilisation des règles de proportionnalité.

33 *Anna cherche à faire une brioche avec 500 g de farine. Or, sur sa recette de cuisine, il est indiqué la quantité de lait pour 300 g de farine : il lui faut 20 cl de lait dans ce cas.*

Calculez la quantité de lait qu'il faut à Anna pour 500 g de farine.

34 *Cédric souhaite faire une pâte à pizza à l'aide d'une préparation à base de farine, sel et levure. Sur le sachet de préparation, il est indiqué que pour une pizza pour 5 personnes, il faut mélanger 250 g de préparation avec 15 cl d'eau tiède.*

Or Cédric compte faire une pâte à pizza pour 8 personnes.

Quelles doses de préparation et d'eau tiède devra-t-il utiliser ?

35 *Pauline décide de faire des crêpes. Elle trouve une recette avec les proportions suivantes :*

Ingrédients pour 12 crêpes :
- *250 g de farine*
- *50 cl de lait*
- *4 œufs*
- *une cuillère à café d'huile*
- *une pincée de sel*

Calculer la quantité de lait et de farine pour 36 crêpes puis 40 crêpes.

CORRECTIONS

<u>**33**</u> Il existe plusieurs règles liées à la proportionnalité pour résoudre l'exercice.

Nous proposons ici une nouvelle règle basée sur deux principes :
1) Multiplier par un rapport de grandeurs de même unité
2) Selon que l'on cherche une proportion plus petite ou plus grande que celle qu'on connaît déjà, multiplier par un rapport qui sera plus petit ou plus grand que 1.

Illustrons notre méthode :

1) Anna cherche une quantité en cl de lait. Pour cela, elle va multiplier une quantité en cl de lait par un rapport de deux quantités exprimées toutes les deux dans la même unité (en grammes).

2) Anna souhaite faire une brioche avec 500 g de farine. Il lui faudra plus de lait que pour une brioche faite avec 300 g de farine. Le rapport sera donc supérieur à 1.
D'où finalement :

$$20 \text{ cl} \times \frac{500 \text{ g}}{300 \text{ g}} = 20 \text{ cl} \times \frac{500}{300} \cong \mathbf{33\ cl}$$

Il faudra donc à Anna 33 cl de lait pour faire sa brioche.

<u>**34**</u> Utilisons la méthode décrite lors de l'exercice précédent :

1) Cédric cherche une quantité en g. Pour cela il va multiplier une quantité en g par un rapport de deux quantités exprimées toutes les deux dans la même unité (un nombre de personnes).

2) Cédric souhaite faire une pâte à pizza pour 8 personnes. Il lui faudra plus de préparation pour faire une pâte à pizza pour 5 personnes. **Le rapport sera donc supérieur à 1**.

La quantité de préparation sera donc :

$$250 \text{ g} \times \frac{8 \text{ personnes}}{5 \text{ personnes}} = 250 \text{ g} \times \frac{8}{5}$$

En divisant 250 par 5, puis en multipliant le résultat par 8, on obtient finalement **400 g de préparation**.

De même, pour obtenir la nouvelle quantité d'eau tiède, on multiplie la quantité initiale par le même rapport :

$$15 \text{ cl} \times \frac{8 \text{ personnes}}{5 \text{ personnes}} = 15 \text{ cl} \times \frac{8}{5}$$

En divisant 15 par 5, puis en multipliant le résultat par 8, on obtient **24 cl d'eau tiède**.

35 On remarque que 36 crêpes représentent 3 fois plus que 12 crêpes.
La quantité de farine nécessaire pour fabriquer 36 crêpes est donc:

$$250 \text{ g} \times 3 = \mathbf{750 \text{ g}}$$

La quantité de lait nécessaire pour fabriquer 36 crêpes est de:

$$50 \text{ cl} \times 3 = \mathbf{150 \text{ cl}}$$

La quantité de farine nécessaire pour fabriquer 40 crêpes est de:

$$250 \text{ g} \times \frac{40 \text{ crêpes}}{12 \text{ crêpes}} \cong \mathbf{833 \text{ g}}$$

La quantité de lait nécessaire pour fabriquer 36 crêpes est de :

$$50 \text{ cl} \times \frac{40 \text{ crêpes}}{12 \text{ crêpes}} \cong \mathbf{167\ cl}$$

* * *

Commentaires :

Pour les œufs et l'huile, quand il y a 36 crêpes, il suffit de multiplier par 3 les quantités de la recette. Mais quand il y aura 40 crêpes à préparer, il faudra tenir compte que l'on a des mesures imprécises. On pourra par exemple prendre 13 œufs, 3 cuillères et demi d'huile et 3 pincées de sel.

UNE SEMAINE DE VACANCES

Connaissances requises :

- *Priorités de calcul*
- *Calcul en une seule ligne*
- *Opérations sur les nombres décimaux*
- *Application d'un taux de pourcentage*
- *Proportionnalité*

<u>**36**</u> *Thelma et Yvan désirent partir en vacances une semaine.*
Ils sont attirés par les deux offres donnant le prix du séjour par personne et qu'ils ont vues dans la vitrine d'une agence :

Maroc 8jours-7nuits Vols + hôtel + pension	255 € *
Un plus : Excursion à dos de Chameau	50 €

Turquie 8jours-7nuits Vols + hôtel + demi-pension	159 € *
Un plus : Excursion d'une journée en bateau	78 €

** frais de dossier : 3 % supplémentaires sur la totalité du coût, y compris l'assurance.*

De plus l'agence précise qu'en cas de paiement comptant :
- *pour le séjour en Turquie, il est offert un repas dans un restaurant de la ville.*
- *pour le séjour au Maroc, il est offert 1,5 % de remise sur la totalité du voyage hors assurance.*

En ce qui concerne les assurances, l'agence propose :
- *7,5 € pour le voyage en Turquie par personne.*
- *2 % du prix total, y compris les frais de transfert, pour le voyage au Maroc.*

À ceci, il faut ajouter le transfert de l'aéroport à l'hôtel aller et retour :
- *8 € par trajet et par personne, pour le séjour en Turquie*
- *un forfait de 28 € pour les trajets aller-retour jusqu'à quatre personnes, pour le voyage au Maroc.*

Thelma et Yvan estiment que, pour le voyage en Turquie, chaque repas du midi ne devrait pas dépasser 5 euros.

1) Calculer dans chacun des cas le prix du voyage estimé au comptant, excursion et assurance comprise.

2) Ils disposent d'un budget de 630 € pour deux. Peuvent-ils s'offrir les deux voyages ?

3) Pour le choix définitif, quels autres éléments peuvent être pris en compte ?

CORRECTION

<u>36</u> 1) **Prix total du voyage au Maroc pour deux :**

Le montant du voyage est de :

(255 + 50) x 2 = **610 €**

Le montant du transfert est de **28 €**.

Le montant de l'assurance est de:

0,02 x (610 + 28) =**12,76 €**

Le montant total avant frais de dossier est de :

610 + 28 +12,76 = **650,76 €**

Les frais de dossier sont de :

0,03 x 650,76 = **19,52 €**

Premier total :

650,76 + 19,52 = **670,28 €**

Le montant de la réduction est de:

0,015 x (670,28 - 12,76) = **9,86 €**

Le montant total du voyage est de:

670,28 - 9,86 = **660,42 €**

Prix total du voyage en Turquie pour deux :

Le montant du voyage est de:

(159 + 78) x 2 = **474 €**

Le montant du transfert est de:

8 x 4 = **32 €**

Le montant de l'assurance est de :

2 x 7,5 = **15 €**

Le montant total du voyage avant les frais de dossier est de :

474 + 32 + 15 = **521 €**

Les frais de dossier sont de :

0,03 x 521 = **15,63 €**

Le montant estimé des repas du midi (un repas étant offert) est de :

2 (5 x 7) = **70 €**

Le montant total du voyage est de :

521 + 15,63 + 70 = **606,63 €**

2) Ils disposent de 630 €, peuvent-ils s'offrir les deux voyages ?
Avec 630 €, ils peuvent s'offrir le voyage en Turquie avec l'excursion en bateau, mais pour le voyage au Maroc, ils devront peut-être supprimer l'excursion à dos de chameau qui leur revient à 100 €.

3) Pour le choix du voyage, l'attrait pour un pays en particulier peut intervenir. Dans ce cas, on peut soit accepter de payer un peu plus, soit enlever l'excursion.

QUEL MAGASIN CHOISIR ?

Connaissances requises :

- *Multiplication des nombres décimaux*
- *Application d'un taux de pourcentage*
- *Proportionnalité, conversion des masses*

<u>**37**</u> *Monsieur Laurent reçoit dans sa boîte aux lettres un dépliant publicitaire sur des promotions du supermarché « CIPRO ».*

Parmi elles, quelques-unes l'intéressent :

- *Jambon : 9,90 € le kilo*
- *Frites : 1 kilo + 50 % gratuit pour 1 € (soit : 0,67 € le kilo)*
- *Crème fraîche : 50 cl pour 1 €*
- *Lardons : 200 g pour 1,50 €*
- *Pâtes : 1,35 € le kilo*
- *Céréales : 375 g + 20 % gratuit, soit 450 g pour 2,4 € (soit 5,33 € le kilo)*
- *32 tablettes pour lave-vaisselle : 3,50 €*
- *Yaourts « nature » : 2 kilos pour 2,11 €*

Sa femme lui conseille plutôt d'aller au supermarché « MAG » où elle va habituellement, ce qu'il fait. Quand il revient, il a finalement acheté :

- *200 g de jambon pour 1,29 €*
- *2,5 kilos de frites pour 2,90 €*

- *50 cl de crème fraîche pour 0,99 €*
- *200 g de lardons pour 0,79 €*
- *2 paquets de pâtes de 500 g, chaque paquet coûtant 0,45 €*
- *750 g de céréales pour 2,69 €*
- *40 tablettes pour lave-vaisselle : 3,20 €*
- *900 g de yaourts « nature » pour 0,75 €*

Les produits qui ont été achetés sont de qualité sensiblement équivalente.

Comparer les prix entre les deux magasins.

Dans le cas où la quantité et la masse sont différentes, on effectuera le calcul pour les quantités suivantes :

- *Jambon : 200 grammes*
- *Frites : 3 kilogrammes*
- *Crème fraîche : 50 cl*
- *Lardons : 200 grammes*
- *Pâtes : 1 kilogramme*
- *Céréales : 900 grammes*
- *Tablettes pour lave-vaisselle : 40*
- *Yaourts « nature » : 2 kilogrammes.*

Monsieur Laurent a-t-il eu raison d'écouter sa femme ?

CORRECTION

37

Produit	Quantité	Prix en € au Supermarché « CIPRO »	Prix en € au Supermarché « MAG »
Jambon	200 g	(9,90 x 200) ÷ 1000 = 1,98	1,29
Frites	3 kg	0,67 x 3 = 2,01	(2,90 ÷ 2,5) x 3 = 3,48
Crème fraîche	50 cl	1	0,99
Lardons	200 g	1,50	0,79
Pâtes	1 kg	1,35	0,45 x 2 = 0,90
Céréales	900 g	2 x 450 = 900 2 x 2,40 = 4,80	(2,69 ÷ 750) x 900 = 3,23
Tablettes pour lave-vaisselle	40	(3,50 ÷ 32) x 40 = 4,375	3,20
Yaourts nature	2 kg	2,11	(0,75÷900) x 2000 =1,67
Total en €		**19,12**	**15,55**

Monsieur Laurent dépensera **3,57 € de moins en allant faire ses achats dans le « supermarché MAG »**.

Remarque : Pour calculer le prix des 3 kg de frites, on a utilisé le prix indiqué au kg. En constatant immédiatement que 1,5 kg coûte 1 €, on obtient 2 €, ce qui donne un résultat plus précis.

* * *

Commentaires :

Nous renvoyons à l'exercice 33 pour une présentation plus détaillée des calculs de proportionnalité.

Nous indiquons dans la bibliographie un article du magazine "Que-Choisir" faisant un comparatif entre les prix de produits achetés dans les magasins "discount", ceux des produits génériques de supermarché, et ceux des produits de marque de supermarché.

CONSOMMATION ÉLECTRIQUE ET ÉCONOMIE

Connaissances requises :

- Opérations sur les nombres décimaux

38 *Voici ci-dessous les consommations des appareils électriques en veille ainsi que les temps de veille par jour.*

Les consommations et les temps de veille sont des moyennes habituelles en France.

Appareils	Temps de veille quotidien en heures	Consommation moyenne en watts par heure
Télévision	18	15
Chaîne HI-FI	23	16
Micro-ondes	23,5	5
Radiocassette	24	3
Aspirateur de table	24	3
Frigo-congélateur	24	135
Téléphone Fax	24	9
Table à induction	23	13
Radioréveil	24	3
Magnétoscope	23	17
Ordinateur	20	4

1) *Monsieur Durand a dans sa maison une télévision, un magnétoscope, une chaîne HI-FI, un micro-ondes, un téléphone Fax, un radio-réveil, un réfrigérateur et un ordinateur.*
Parmi ces appareils, quels sont ceux qu'il peut éteindre ?

2) *Il laisse tous ses appareils en veille. En utilisant les consommations moyennes de chaque appareil, arrondies à l'entier supérieur,* quelle énergie va-t-il dépenser en KWh/an ?

3) *Le KWh d'électricité est de 0,1125 € T.T.C.*
Calculer la dépense d'énergie pour un an.

4) *Pour le bien de la planète, Monsieur Durand décide d'éteindre les appareils qu'il peut éteindre.*
Calculer, dans ce cas, sa dépense d'énergie par an.

5) *En France, il y a environ 20 millions de foyers.*
Calculer l'économie réalisée en un an, s'ils décident, comme Monsieur Durand, d'économiser l'énergie.

6) Quels appareils possédez-vous à la maison ? Quelle économie pouvez-vous réaliser en un an en décidant d'éteindre tous ceux qui peuvent être éteints ?

7) Calculer les économies qui pourraient être réalisées par les élèves de la classe en regroupant tous les résultats.

CORRECTION

38 1) Monsieur Durand peut éteindre la télévision, la chaîne HIFI, le micro-onde, le magnétoscope et l'ordinateur.

2) Calcul de l'énergie électrique que M. Durand va dépenser par jour en watts par heure s'il laisse tous ses appareils en veille, en se servant de la moyenne des consommations pour chaque appareil arrondie à l'entier supérieur :

- Pour la télévision : 18 x 15 = **270**
- Pour la chaîne HIFI : 23 x 16 = **368**
- Pour le micro-ondes : 23,5 x 5 =**117,5**
- Pour le réfrigérateur : 24 x 135 = **3 240**
- Pour le téléphone : 24 x 9 = **216**
- Pour le radio-réveil : 24 x 3 = **72**
- Pour le magnétoscope : 23 x 17 = **391**
- Pour l'ordinateur : 20 x 4 = **80**

Soit un total en Watts par heure de :

E = 270 + 368 + 117,5 + 3 240 + 216 + 72 + 391 + 80
E = **4 754,5 Wh**

L'énergie dépensée en un an en Watts par heure est de :
4 754,5 Wh x 365 = **1 735 392,5 Wh**

L'énergie électrique dépensée en un an est de :
1 735 392,5 Wh soit **1 735, 392 5 KWh**

3) La dépense d'énergie par an en € est de :
1 735,392 5 kWh x 0,1125 €/kWh= **195,23 €**

4) La quantité d'énergie en Watts par heure que Monsieur Durand économisera s'il décide d'éteindre les appareils qu'il peut éteindre :
- Pour la télévision : 18 x 15 = **270**

- Pour la chaîne HIFI : 23 x 16 = **368**
- Pour le micro-ondes : 23,5 x 5 = **117,5**
- Pour le magnétoscope : 23 x 17 = **391**
- Pour l'ordinateur : 20 x 4 = **80**

Soit, pour une journée, un total en Watts par heure de :
270 + 368 + 117,5 + 391+ 80 = **1 226,5**

En un an, l'énergie dépensée en Watts par heure est de :
1 226,5 x 365 = **447 672,5**

La quantité d'énergie que M. Durand économisera s'il décide d'éteindre les appareils qu'il peut éteindre sera de :
447 672,5 watts soit **447, 6725 KWh**

L'économie réalisée par M. Durand sur sa dépense d'énergie par an en € est de :
447, 6725 kWh x 0,1125 €/kWh = **50,36 €**

5) Si 20 millions de foyers décident d'économiser l'énergie et éteignent tous leurs appareils, l'économie réalisée en un an et en euros serait alors de :
447,6725 kWh x 20 000 000 = 8 953 450 000 kWh
20 000 000 x 50,36 € = **1 007 200 000 €**

Cela représente environ neuf milliards de kilowatts par heure et un milliard d'euros.

ESSENCE OU DIESEL ?

Connaissances requises :

- *Opérations sur une seule ligne*
- *Priorités de calcul*
- *Opérations sur les nombres décimaux*
- *Application d'un taux de pourcentage*
- *Proportionnalité*

39 Première partie :

Monsieur Vert parcourt en moyenne 25 000 km par an. Il souhaite acheter un véhicule « Pocazio » et le conserver 6 ans. Il hésite entre deux modèles :

- *La version « Pocazio » Pack 1,6 L (essence) à 20 250 €*
- *La version « Pocazio » Pack 1,6 Hdi (Diesel) à 22 550 €*

Pour chacun de ces deux véhicules, son garagiste lui propose une remise de 12 %.

Le « Pocazio » Pack 1,6 L essence consomme 7,5 L aux cent kilomètres et cotera à l'argus, au bout de 6 ans, 4 390 € pour un kilométrage moyen de 15 000 km par an. Si le kilométrage est supérieur à 15 000, il sera appliqué une moins-value[1] calculée de la manière suivante :

[1] Valeur enlevée à la cote de l'argus si le kilométrage du véhicule est supérieur au kilométrage prévu.

4 390 x 0,5 % x (nombre de tranches de 1000 km en plus du kilométrage moyen).

1) Calculer la cote à l'argus du véhicule au bout de six ans en tenant compte de sa moins-value, puis calculer le prix de revient du « Pocazio » Pack 1,6 L essence (achat et essence) au bout de 6 ans avec un prix pour l'essence sans plomb de 1,31 € le litre.

2) *Le « Pocazio » Pack 1,6 Hdi (Diesel) consomme 5,1 L aux cent kilomètres et cotera à l'argus, au bout de 6 ans, 5 350 € pour un kilométrage moyen de 25 000 km par an.*

Calculer le prix de revient du « Pocazio » Pack 1,6 Hdi Diesel (achat et essence) au bout de 6 ans en prenant pour prix du carburant Diesel, 1,19 € le litre.

3) Indiquer quel est le véhicule le plus intéressant financièrement et l'économie réalisée par rapport à l'autre véhicule.
- Indiquer d'autres éléments qui pourraient être pris en compte dans le prix de revient du véhicule.
- Indiquer d'autres éléments qualitatifs qui pourraient intervenir dans le choix de Monsieur Vert.

Deuxième partie :

Madame Lou parcourt en moyenne 15 000 km par an. Elle hésite elle aussi entre les deux « Pocazio ».

Pour chacun de ces deux véhicules, son garagiste lui propose une remise de 2 500 €.

Mme Lou ne fait que 15 000 km par an. Si elle choisit un modèle « Diesel », au bout de 6 ans, son véhicule aura une plus-value[2] calculée de la manière suivante :

[2] Valeur supplémentaire ajoutée à la cote de l'argus d'un véhicule si le kilométrage du véhicule est inférieur au kilométrage prévu.

5350 x 0,25 % x (nombre de tranches de 1000 km en moins que le kilométrage moyen).

1) Avec un prix pour l'essence sans plomb de 1,31 € le litre, calculer le prix de revient du « Pocazio » Pack 1,6 L essence (achat + essence) au bout de 6 ans.

2) Calculer la cote à l'argus du véhicule « Pocazio » Pack 1,6 Hdi Diesel en tenant compte de sa plus-value*.
- En déduire le prix de revient du « Pocazio » Pack 1,6 Hdi Diesel (achat + essence) pour madame Lou au bout de 6 ans en prenant pour prix du carburant Diesel, 1,19 € le litre.
- Quel est le véhicule le plus intéressant financièrement ?
- Quelle est l'économie réalisée par rapport à l'autre véhicule ?

CORRECTION

39 **Première partie :**

1) Au bout de 6 ans, Monsieur Vert aura parcouru 150 000 km, soit 60 000 km de plus que le kilométrage moyen d'un véhicule essence. La moins-value est donc de :

$$4\ 390\ € \times 60\ € \times \frac{0{,}5}{100} = \mathbf{1\ 317\ €}$$

La cote argus du « Pocazio » Pack 1,6 L essence sera donc de :

$$4\ 390\ € - 1\ 317\ € = \mathbf{3\ 073\ €}$$

Le prix de sa consommation d'essence pendant 6 ans sera de :

$$1\ 500 \times 7{,}5\ L \times 1{,}31\ €/L = \mathbf{14\ 737{,}5\ €}$$

Le prix de revient du « Pocazio » Pack 1,6 L essence (prix d'achat - prix de revente + essence) au bout de 6 ans sera donc de :

$$P = 20\ 250\ € \times (1 - \frac{12}{100}) - 3\ 073\ € + 14\ 737{,}5\ €$$

$$P = \mathbf{29\ 484{,}5\ €}$$

2) Le prix de la consommation d'essence Diesel pendant 6 ans sera de :

$$1\ 500 \times 5{,}1\ L \times 1{,}19\ €/L = \mathbf{9\ 103{,}5\ €}$$

Le prix de revient du « Pocazio » Pack 1,6 Hdi Diesel (prix d'achat - prix de revente + essence Diesel) au bout de 6 ans sera donc de :

$$22\ 550\ € \times (1 - \frac{12}{100}) - 5\ 350\ € + 9\ 103{,}5\ € = \mathbf{23\ 597{,}5\ €}$$

3) Le véhicule le plus intéressant financièrement est donc le « Pocazio » Pack 1,6 Hdi Diesel.

L'économie réalisée est de :

29 484,5 € – 23 597,5 € = **5 887 €**

Les autres principaux éléments qui pourraient être pris en compte dans le prix de revient du véhicule sont l'assurance et l'entretien du véhicule. Ils dépendent du conducteur (bonus ou malus pour l'assurance, choix de la compagnie ou de la mutuelle d'assurance, choix de l'organisme qui entretient le véhicule). D'une manière générale, les coûts seront un peu plus élevés pour un véhicule Diesel que pour un véhicule essence, cependant pas au point de compenser l'économie calculée de 5 887 €

Il y a aussi des critères qualitatifs qui peuvent être pris en compte : les moteurs Diesel sont considérés comme mieux adaptés aux trajets routiers et les moteurs essence comme mieux adaptés aux trajets urbains. Les moteurs Diesel sont réputés avoir plus de longévité et les moteurs essence être moins bruyants, etc.

Deuxième partie :

1) Au bout de 6 ans, Madame Lou aura parcouru 90 000 km, soit 900 centaines de km.
Le prix de sa consommation d'essence du « Pocazio » pendant 6 ans sera donc de :

900 x 7,5 L x 1,31 €/L = **8 842,50 €**

Le prix de revient en euros du « Pocazio » Pack 1,6 L essence (prix d'achat - prix de revente + essence) au bout de 6 ans sera donc de :

20 250 € - 2 500 € - 4 390 € + 8 842,5 € = **22 202,50 €**

Au bout de 6 ans, Madame Lou aura parcouru 90 000 km, soit 60 000 km de moins que le kilométrage moyen d'un véhicule Diesel.

La plus-value est donc de :

$$5\ 350\ € \times 60 \times \frac{0{,}25}{100} = \mathbf{802{,}50\ €}$$

2) La cote à l'argus du « Pocazio » Pack 1,6 Hdi Diesel sera donc de :

5 350 € + 802,5 € = **6 152,50 €**

Le prix de la consommation d'essence Diesel pendant 6 ans sera de :

900 x 5,1 L x 1,19 €/L= **5 462,10 €**

Le prix de revient en euros du « Pocazio » Pack 1,6 Hdi Diesel (prix d'achat - prix de revente + essence Diesel) au bout de 6 ans sera donc de :

22 550 € - 2500 € - 6 152,50 € + 5 462,1 €
=**19 359,60 €**

Le véhicule le plus intéressant financièrement pour madame Lou. est donc aussi le « Pocazio » Pack 1,6 Hdi Diesel.

L'économie réalisée est de:

22 202,5 € - 19 359,6 € = **2 842,90 €**

C'est une économie moins importante que celle réalisée pour un kilométrage annuel de 25 000 km par an.

ASSURANCE VOITURE

Connaissances requises :

- *Opérations sur les nombres décimaux*
- *Application d'un taux de pourcentage*
- *Proportionnalité, utilisation d'un tableur*

40 *Un automobiliste qui bénéficie depuis 2 ans d'un « bonus » (c'est-à-dire d'une réduction de 5 % du montant de son assurance automobile par rapport à l'année précédente), paie cette année une cotisation de 1 000 € pour l'assurance de sa voiture.*

1) a- Combien paiera-t-il d'assurance l'année suivante s'il continue à bénéficier du bonus ?

b- Combien paiera-t-il d'assurance au bout de deux ans s'il continue à bénéficier du bonus ?

2) a- Combien avait-il payé d'assurance l'année précédente ?

b- Combien avait-il payé d'assurance deux ans auparavant ?

3) *Tant que l'automobiliste bénéficie du bonus, sa cotisation diminue de 5 % par rapport au montant de l'année précédente jusqu'à atteindre la moitié du montant de la cotisation initiale.*

On suppose que le montant obtenu à la question

précédente était le montant initial de sa cotisation d'assurance. À l'aide d'un tableur, déterminer, en partant de l'année de cotisation initiale, combien paiera l'automobiliste au bout de 6 ans puis au bout de 10 ans s'il bénéficie du bonus durant ces années.

4) S'il continue à bénéficier du bonus les années qui vont suivre, au bout de combien d'années son assurance ne lui coûtera que la moitié du montant initial ?

5) Quel est le coût de revient total de son assurance sur une durée de 14 ans ?

CORRECTION

40 1) a- Le montant de l'assurance à payer l'année suivante est de :

1000 € x 0,95 = **950 €**

b- Le montant de l'assurance à payer au bout de deux ans est de:

950 € x 0,95 = **902,5 €**

2) a- Le montant de l'assurance payé l'année précédente était de:

1 000 € ÷ 0,95 = **1 052,63 €**

b- Le montant de l'assurance payé deux ans auparavant était de :

1 052,63 € ÷ 0,95 = **1 108,03 €**

3) Recherche du coût avec un tableur

Prix initial de l'assurance en €			1 108,03
Année	Réduction en €	Prix de l'assurance en €	Montant payé depuis le début de la réduction en €
1		1 108,03	1 108,03
2	55,4	1 052,63	2 160,66
3	52,63	1 000	3 160,66
4	50	950	4 110,66
5	47,5	902,5	5 013,16
6	45,13	857,37	5 870,53
7	42,87	814,5	6 685,03
8	40,73	773,77	7 458,8
9	38,69	735,08	8 193,88

Année	Réduction en €	Prix de l'assurance en €	Montant payé depuis le début de la réduction en €
10	36,75	698,33	8 892,21
11	34,92	663,41	9 555,62
12	33,17	630,24	10 185,86
13	31,51	598,73	10 784,59
14	29,94	568,79	11 353,38
15	28,44	554,015	11 907,395
16	0	554,015	12 461,41
17	0	554,015	13 015,425

Au bout de six ans de réduction, il paiera la septième année **814,50 €**.
Au bout de dix ans de réduction, il paiera la onzième année **663,41 €**.

4) Dans le tableau, on peut voir qu'il bénéficiera des **50 % de réduction la quinzième année**.

5) Le coût de revient de l'assurance au bout de 14 ans est de **11 353,38 €** (soit en moyenne 810,96 € par an sur les 14 premières années).

DÉCOUVERTE DU CRÉDIT

Connaissances requises :

- *Opération sur les nombres décimaux*
- *Application d'un taux de pourcentage*
- *Calcul d'un pourcentage*
- *Arrondi d'un nombre*
- *Proportionnalité*

41 **Première partie :**

Un client emprunte 100 000 € à sa banque au taux mensuel de 0.5 % sur une durée de 20 ans.

Les intérêts sont calculés sur la somme restant encore à rembourser par le client, et rajoutés à celle-ci à la fin de chaque mois.

L'employé de banque indique au client qu'il devra rembourser chaque mois une mensualité de 716.43 € pendant les 20 ans.

Tous les résultats seront arrondis au centime d'euro près.

1) a- Calculer les intérêts payés à la fin du premier mois.

b- Sachant que la mensualité sert en priorité à rembourser les intérêts, calculer la part des 100 000 € remboursés à la fin du premier mois.

c- En déduire les intérêts payés à la fin du deuxième mois.

2) a- Calculer la somme totale payée par le client à sa banque à la fin des 20 ans.

b- En déduire le coût total du crédit, c'est-à-dire le montant des intérêts payés à la banque en plus de la somme empruntée.

c- Quel pourcentage cela représente-t-il par rapport à la somme empruntée ?

Deuxième partie :

Un autre client emprunte cette fois-ci 8 000 € au même taux mensuel de 0.5 %, mais sur une durée de 4 ans.

L'employé de banque indique au client qu'il devra rembourser chaque mois une mensualité de 187,88 € pendant 4 ans.

1) a- Calculer les intérêts payés à la fin du mois.

b- Calculer la part des 8 000 € remboursés à la fin du premier mois.

c- En déduire les intérêts payés à la fin du deuxième mois.

2) a- Calculer le coût total payé par le client à sa banque à la fin des 4 ans.

b- En déduire le coût total du crédit.

c- Quel pourcentage cela représente-t-il par rapport à la somme empruntée ?

3) Comparer avec la première partie. Quelle conclusion peut-on en tirer ?

CORRECTION

41 **Première partie :**

1) a- Les intérêts dus à la fin du premier mois sont de :
(0,5 ÷ 100) x 100 000 € = 0.5 x 1000 € = **500 €**

b- La part des 100 000 € remboursés à la fin du premier mois est de:
716,43 € - 500 € = **216,43 €**

c- Le montant que le client doit encore à la banque à la fin du premier mois est de:
100 000 € - 216,43 € = **99 783,57 €**

Les intérêts dus à la fin du deuxième mois sont de:
(0,5 ÷ 100) x 99 783,57 € ≅ **498,92 €**

2) a- Le montant du coût total payé par le client à sa banque est de :
20 x 12 x 716,43 € = **171 943,20 €**

b- Le coût total du crédit est de :
171 943,20 € - 100 000 € = **71 943,20 €**

c- Calcul du pourcentage que cela représente :
71 943,20 ÷ 100 000 € x 100 = 71 943,2 ÷ 1000 ≅ **71,94**

Le coût total du crédit représente 71,94 % de la somme empruntée.
(On remarque que le coût total du crédit représente environ 72 % de la somme empruntée, soit presque les trois quarts de la somme empruntée au départ.)

Deuxième partie :

1) a- Les intérêts dus à la fin du premier mois sont de :

(0,5 ÷ 100) x 8 000 € = 0,5 x 80 = **40 €**

b- La part des 100 000 € remboursés à la fin du premier mois est de :

187,88 € - 40 € = **147,88 €**

c- Le client doit encore à la banque à la fin du premier mois :

8 000 € - 147,88 € = **7 852,12 €**

Les intérêts dûs à la fin du deuxième mois sont de :

(0,5 ÷ 100) x 7852,12 € ≅ **39,26 €**

2) a- Le coût total payé par le client à sa banque est de :

48 x 187,88 € = **9 018,24 €**

b- Le coût total du crédit est de :

9018,24 € - 8 000 € = **1 018,24 €**

c- Calcul du pourcentage que cela représente :

1018,24 ÷ 8 000 x 100 ≅ **12,73**

Le pourcentage que représentent les intérêts par rapport à la somme empruntée est de 12,73 %.

3) Bien que le taux de crédit soit le même dans les deux parties, le pourcentage du coût total du crédit par rapport à la somme empruntée est plus élevé dans le premier cas que dans le second. Il dépend donc du taux mensuel, mais aussi de la durée du crédit ; plus la durée est longue, plus le coût du crédit est important.

RÉSERVE D'ARGENT ET CADEAU

Connaissances requises :

- *Opérations sur les nombres décimaux*
- *Application d'un taux de pourcentage*
- *Utilisation d'un tableur*
- *Ecriture de formules pour utiliser un tableur*

42 *Une personne a reçu dans sa boîte à lettres une publicité de la société de crédit « Libratou ».*

Cette publicité offre une réserve d'argent pouvant aller jusqu'à 6 000 €. La personne regarde les conditions pour emprunter un capital inférieur à 1 500 €.

Voici les conditions :

Fixez le montant de votre emprunt	Puis mensualités au choix	
500 €	15 €	20 €
1 000 €	30 €	40 €
1 500 €	45 €	60 €

Le taux annuel est de 19,94 % soit un taux mensuel de 1,5267 %.

Le prospectus la présente comme une fidèle cliente et pour l'encourager à prendre le crédit, on lui offre une superbe machine à pain sous condition de souscription au crédit.

1) *Première éventualité : elle choisit d'emprunter un capital de 1 500 € et de rembourser dès le premier mois des mensualités de 45 €.*

a- Calculer dans ce cas les intérêts à la fin du premier mois.
b- Calculer le capital restant dû après le remboursement de la première mensualité.
c- Calculer les intérêts à la fin du deuxième mois.
d- Calculer le capital restant dû après le remboursement de la deuxième mensualité.
e- Calculer les intérêts à la fin du troisième mois.
f- Calculer le capital restant dû après le remboursement de la troisième mensualité.
g- Calculer les intérêts à la fin du quatrième mois.
h- Calculer le capital restant dû après le remboursement de la quatrième mensualité.
i- Préparer la feuille pour l'utilisation d'un tableur.

2) *Deuxième éventualité : en se promenant en ville, elle voit une machine à pain semblable à celle proposée en cadeau qui coûte 80,49 €. Elle choisit de ne pas utiliser de crédit et d'acheter la machine à pain.*
Cette éventualité est-elle plus avantageuse ?

3) *Troisième éventualité : elle emprunte toujours 1 500 € et rembourse 60 € par mois.*
Que dire de cette éventualité ?

4) Refaire l'échéancier pour un crédit de 500 € et une mensualité de 20 € avec les mêmes conditions de crédit.

5) Retrouver dans un magasin ou dans une revue une publicité semblable à celle-ci. Utilisez-la pour construire un exercice avec un échéancier.

CORRECTION

42 1) a- Le montant des intérêts du premier mois est de :

1 500 x 0,015267 = **22,90 €**

b- Le capital restant dû après avoir payé la première mensualité est de :

1 500 + 22,90 - 45 = **1 477,90 €**

c- Le montant des intérêts du deuxième mois est de :

1 477,90 x 0,015267 = **22,56 €**

d- Le capital restant dû après avoir payé la deuxième mensualité est de :

1 477,90 + 22,56 - 45 = **1 455,46 €**

e- Le montant des intérêts du troisième mois est de :

1 455,46 x 0,015267 = **22,22 €**

f- Le capital restant dû après la troisième mensualité est de :

1 455,46 + 22,22 - 45 = **1 432,68 €**

g- Le montant des intérêts du quatrième mois est de :

1 432,68 x 0,015267 = **21,87 €**

h- Le capital restant dû après la quatrième mensualité :

1 432,68 + 21,87 - 45 = **1 409,55 €**

i- Préparation du tableur : tableau d'amortissement avec mensualités de 45 € sans condition d'arrêt.

Toutes les sommes indiquées dans le tableur sont exprimées en euros

	A	B	C	D	E
1	Capital emprunté	1500		Mensualité	45
2	Taux mensuel	0,015267			
3	Mois	Intérêts	Mensualité	Capital restant dû	Coût du crédit
4	0			=B1	
5	1	=D4*$B$2	=$E$1	=D4+B5-C5	=B5
6	2	=D5*$B$2	=$E$1	=D5+B6-C6	=E5+B6
7	3	=D6*$B$2	=$E$1	=D6+B7-C7	=E6+B7
8	4	=D7*$B$2	=$E$1	=D7+B8-C8	=E7+B8

Pour les colonnes B et D, on conserve seulement deux chiffres après la virgule. On obtient :

	A	B	C	D	E
1	Mois	Intérêts	Mensualité	Capital restant dû	Coût du crédit
2	0			1500	
3	1	22,9	45	1477,90	22,90
4	2	22,56	45	1455,46	45,46
5	3	22,22	45	1432,68	67,68
		....	...	...	...
48	46	1,299	45	41,36	611,36
49	47	0,631	45	-3,01	611,99
50	48	-0,046	45	-48,05	611,95

Tableau de l'amortissement avec mensualités de 45 € et des conditions d'arrêt (voir comment les insérer à la fin du corrigé)

	A	B	C	D	E
1	Mois	Intérêts	Mensualité	Capital restant dû	Coût du crédit
2	0			1500	
3	1	22,9	45	1477,9	22,9
4	2	22,56	45	1455,46	45,46
5	3	22,22	45	1432,68	67,68
6	4	21,87	45	1409,55	89,55
47	45	1,96	45	85,06	610,06
48	46	1,3	45	41,36	611,36
49	47	0,63	41,99	0	611,99
50	48	0	0	0	fini

2) Le coût du crédit est de 611,99 € et la machine à pain ne coûte que 80,49 €. Une fois cette déduction faite, le crédit revient finalement à :

611,99 € - 80,49 € = **531,50 €**

Si la personne avait utilisé le crédit sans en avoir réellement besoin, la machine à pain lui serait revenue à 611,99 €. Dans ce cas, ne pas prendre de crédit et acheter la machine à pain aperçue en ville lui aurait fait réaliser une économie de 531,50 €.

3) Tableau d'amortissement de 1 500 € avec mensualités de 60 €

	A	B	C	D	E
1	Mois	Intérêts	Mensualité	Capital restant dû	Coût du crédit
2	0			1500	
3	1	22,9	60	1462,9	22,9
4	2	22,33	60	1425,23	45,23
5	3	21,76	60	1386,99	66,99
33	31	1,55	60	43,13	403,13
34	32	0,66	43,79	0	403,79
35	33	0	0	0	fini

Le coût du crédit est de 403,79 € et la machine à pain coûte 80,49 €, donc la personne a perdu dans ce cas :

403,79 € - 80,49 € = **323,30 €**

4) Tableau d'amortissement pour rembourser un capital emprunté de 500 € et des mensualités de 20 €.

	A	B	C	D	E
1	Mois	Intérêts	Mensualité	Capital restant dû	Coût du crédit
2	0			500	
3	1	7,63	20	487,63	7,63
4	2	7,44	20	475,07	15,07
33	31	0,52	20	14,39	134,39
34	32	0,22	14,61	0	134,61
35	33	0	0	0	fini

Le coût du crédit est de : 134,61 €.

L'économie réalisée est de :

134,61 € - 80,49 € = **54,12 €**

Même dans ce cas, il aurait été plus avantageux pour elle de ne pas prendre de crédit et d'acheter la machine à pain aperçue en ville.

Préparation du tableur avec condition d'arrêt

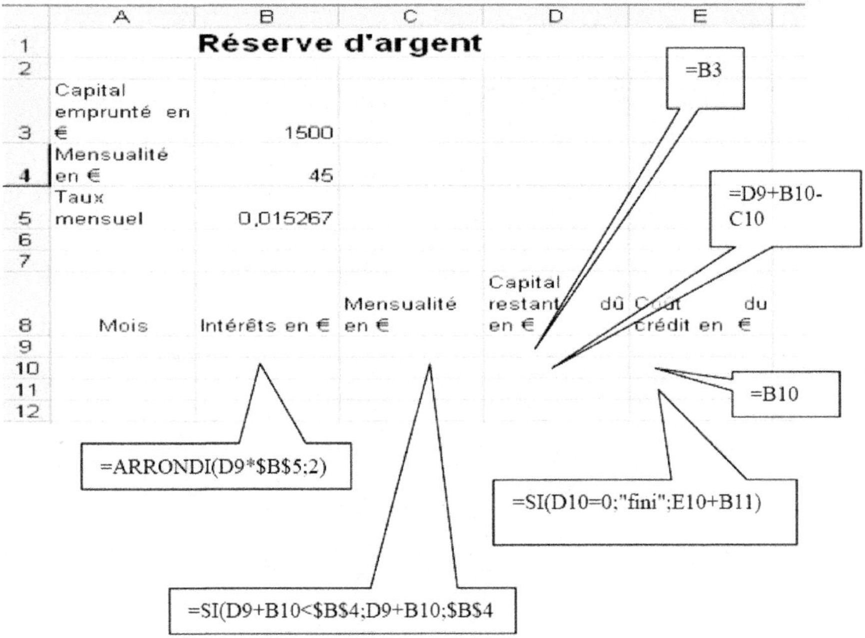

PARTIR EN VACANCES SANS SOUCI ET SANS APPORT

Connaissances requises :

- *Opérations sur les nombres décimaux*
- *Application d'un taux de pourcentage*
- *Proportionnalité*
- *Utilisation d'un tableur*

43 *Une personne qui désire acheter un camping-car et visiter une région de France en toute liberté découvre la publicité suivante :*

> Le crédit « TOUT VACANCES » vous propose pour l'achat d'un camping-car d'occasion de 25 000 € un taux annuel de 18,37 % (1,415 % mensuel). Votre mensualité : 600 €.
> Pas d'hésitation, partez vers votre destination préférée.

1) a- Quel est le montant des intérêts payés le premier mois ?

b- Quel sera le montant du capital remboursé à la fin du premier mois ?

2) Calculer le montant qui reste à rembourser après chacune des quatre premières mensualités.

3) a- Calculer à l'aide d'un tableur au bout de combien de temps le camping-car sera remboursé.

b- Quel en sera le coût total .?

c- Quel est le montant des intérêts payés ?

4) *Une agence de location propose un camping-car équivalent pour 500 € par semaine.*

a- À combien de semaines de location l'achat de camping-car est-il équivalent ?

b- Si la personne part trois semaines par an en vacances, pendant combien d'années pourra-t-elle louer le camping-car avec le coût total calculé à la question 3 ?

5) Si les mensualités sont divisées par 2, le temps de remboursement du camping-car doublera-t-il ?

CORRECTION

43 1) a- Le montant des intérêts payés le premier mois est de :

25 000 € x 0,01415 = **353,75 €**

b- Le capital remboursé sachant que la mensualité est de 500 € :

600 € - 353,75 € = **246,25 €**

2) Calcul du montant du capital qui reste à rembourser après la première mensualité :

25 000 € - 246,25 € = **24 753,75 €**

la deuxième mensualité :

24 753,75 € x 1,01415 - 600 € = **24 504,02 €**

la troisième mensualité :

24 504,02 € x 1,01415 - 600 € = **24 250,75 €**

la quatrième mensualité :

24 250,75 € x 1,01415 - 600 € = **23 993,90 €**

3) a- Calcul, à l'aide d'un tableur, du temps nécessaire pour le remboursement :

Somme	25000		
Taux d'intérêts	0,01415		
Mensualité	600		

Mois	Intérêts	Mensualité	Capital restant
			25000
1	353,75	600	24753,75
2	350,265563	600	24504,01556
3	346,73182	600	24250,74738
4	343,148075	600	23993,89546

5	339,513621	600	23733,40908
6	335,827738	600	23469,23682
7	332,089701	600	23201,32652
8	328,29877	600	22929,62529
9	324,454198	600	22654,07949
10	320,555225	600	22374,63471
11	316,601081	600	22091,23579
12	312,590986	600	21803,82678
13	308,524149	600	21512,35093
14	304,399766	600	21216,75069
15	300,217022	600	20916,96772
16	295,975093	600	20612,94281
17	291,673141	600	20304,61595
18	287,310316	600	19991,92627
19	282,885757	600	19674,81202
20	278,39859	600	19353,21061
21	273,84793	600	19027,05854
22	269,232878	600	18696,29142
23	264,552524	600	18360,84394
24	259,805942	600	18020,64989
25	254,992196	600	17675,64208
26	250,110335	600	17325,75242
27	245,159397	600	16970,91181
28	240,138402	600	16611,05022
29	235,046361	600	16246,09658
30	229,882267	600	15875,97884
31	224,645101	600	15500,62394
32	219,333829	600	15119,95777
33	213,947402	600	14733,90518
34	208,484758	600	14342,38993
35	202,944818	600	13945,33475
36	197,326487	600	13542,66124

37	191,628657	600	13134,28989
38	185,850202	600	12720,1401
39	179,989982	600	12300,13008
40	174,046841	600	11874,17692
41	168,019603	600	11442,19652
42	161,907081	600	11004,1036
43	155,708066	600	10559,81167
44	149,421335	600	10109,233
45	143,045647	600	9652,278652
46	136,579743	600	9188,858394
47	130,022346	600	8718,880741
48	123,372162	600	8242,252903
49	116,627879	600	7758,880782
50	109,788163	600	7268,668945
51	102,851666	600	6771,52061
52	95,8170166	600	6267,337627
53	88,6828274	600	5756,020454
54	81,4476894	600	5237,468144
55	74,1101742	600	4711,578318
56	66,6688332	600	4178,247151
57	59,1221972	600	3637,369349
58	51,4687763	600	3088,838125
59	43,7070595	600	2532,545184
60	35,8355144	600	1968,380699
61	27,8525869	600	1396,233286
62	19,756701	600	815,9899865
63	11,5462583	600	227,5362448
64	3,21963786	230,755883	0
	Total	38030,7559	

Il faut 64 mois pour rembourser, soit **5 ans et 4 mois**.

b- Le coût total est de **38 030,76 €**.

c- Le coût des intérêts est de :

38 030,76 € - 25 000 € = **13 030,76 €**

4) a- Nombre de semaines de location que représente le coût total d'achat du camping-car à crédit :

38 030,76 ÷ 500 = **76 semaines**

b- Nombre d'années sachant que la personne part trois semaines par an :

76 ÷ 3 = **25 années**

5) On diminue les mensualités de moitié.

Recherche à l'aide d'un tableur :

Somme	25000		
Taux d'intérêts	0,01415		
Mensualité	300		
Mois	Intérêts	Mensualité	Capital restant dû
			25000
1	353,75	300	25053,75
2	354,510563	300	25108,26056
3	355,281887	300	25163,54245
4	356,064126	300	25219,60658
5	356,857433	300	25276,46401
6	357,661966	300	25334,12597
7	358,477883	300	25392,60386
8	359,305345	300	25451,9092
9	360,144515	300	25512,05372
10	360,99556	300	25573,04928

11	361,858647	300	25634,90792
12	362,733947	300	25697,64187
13	363,621632	300	25761,2635
14	364,521879	300	25825,78538
15	365,434863	300	25891,22024
15	365,434863	300	25891,22024

On s'aperçoit que, dans ce cas, la mensualité ne rembourse plus les intérêts et donc que le capital à rembourser augmente. La banque ne prêtera pas d'argent dans ces conditions.

* * *

Commentaires :

Dans la modélisation pour le camping-car acheté, il n'a pas été tenu compte des frais d'assurances, d'entretien, de gardiennage... Dans le cas du camping-car loué, il n'a pas été tenu compte des frais de dépassement kilométrique.

LE RÉCUPÉRATEUR D'EAU

Connaissances requises :

- Opérations sur les nombres décimaux
- Application d'un taux de pourcentage
- Proportionnalité
- Connaissance et utilisation de la formule du volume d'un parallélépipède rectangle
- Unités de capacités et de volumes
- Arrondi d'un nombre
- Utilisation d'un tableur

<u>44</u> *Dans une école, on dispose d'une citerne de 2 000 L pour récupérer l'eau de pluie sur une toiture de 200 m². Cette eau va servir à alimenter les toilettes.*

On suppose que chaque élève va aux toilettes 4 fois par jour, que la chasse d'eau débite 3 L d'eau lorsque l'élève appuie sur le bouton 1 et 6 L lorsque l'élève appuie sur le bouton 2. Dans cette simulation, on suppose que dans 30 % des cas, les élèves appuient sur le bouton 2 et les autres fois sur le bouton 1. On supposera qu'il y a 27 élèves dans la classe.

On récupère 80 % de l'eau tombée sur la toiture.

1) Montrer qu'un millimètre d'eau mesuré dans le pluviomètre correspond à 1 litre d'eau au m^2 sur le terrain.

2) Lorsqu'on a un millimètre d'eau dans le pluviomètre, quelle quantité d'eau récupère-t-on dans la citerne ?

3) Quelle hauteur d'eau dans le pluviomètre correspond à un remplissage total de la citerne ?

4) Quelle quantité d'eau faut-il par jour pour alimenter les toilettes ?

5) Quelle hauteur d'eau dans le pluviomètre correspond à la quantité d'eau nécessaire pour faire fonctionner les toilettes pendant une journée ?

À partir de la question 6, utiliser un tableur .

Sur la page 122 figure le relevé journalier d'eau tombée en mm d'eau par m² pour l'année 2007.

Les toilettes ne sont utilisées que les jours où les élèves sont présents dans l'établissement. Pour coder les jours de présence, on mettra dans la colonne le codage F pour les jours fériés, le week-end et les vacances et O pour les autres jours.

6) *Les élèves rentrent le 3 janvier et ne sont pas présents le week-end. Lorsque la citerne contient moins de 450 litres d'eau au début de la journée, les toilettes sont alimentées par le réseau traditionnel pendant toute la journée.*

a- Sachant que la citerne est pleine au début de l'année 2007, a-t-on eu besoin d'utiliser le réseau traditionnel pour alimenter les toilettes au mois de janvier ? Si oui, pendant combien de jours ?

b- Quelle économie d'eau sur le réseau traditionnel a-t-on fait durant le mois de janvier ?

c- Quelle quantité d'eau est tombée au mois de janvier sur la toiture ?

d- Quel est le rapport de la quantité d'eau provenant

de la citerne utilisée pour les toilettes par rapport à la quantité d'eau tombée au mois de janvier ?

Afin de pouvoir faire une étude pendant le temps scolaire sur l'année 2007, voici les dates de vacances :

Rentrée : 8 janvier 2007 au matin
Vacances d'hiver : 10 février 2007 inclus au 25 février 2007 inclus
Vacances de printemps : 31 mars 2007 inclus au 15 avril 2007 inclus
Pour l'Ascension : du 17 mai 2007 inclus au 20 mai 2007 inclus
Lundi 28 mai 2007 férié
Vacances d'été : 4 juillet 2007 inclus au 2 septembre 2007 inclus
Vacances de toussaint : jeudi 27 octobre 2007 inclus au 7 novembre 2007 inclus
Vacances de Noël : à partir du samedi 22 décembre 2007 inclus.

Le tableau de la page suivante vous donne les hauteurs d'eau relevées dans le pluviomètre de l'école pour l'année 2007.

Il permettra de prolonger l'exercice aux autres mois.

Un autre prolongement possible est de faire varier la capacité de la cuve.

Jour	Jan.	Fév.	Mars	Avril	Mai	Juin	Juil.	Août	Sept.	Oct.	Nov.	Déc.
1			11		3	7	9			8		9
2	6		4		5		7					11
3			6				15	1		13		11
4	3		4				3					
5			2				3					2
6	4		3				5	3				4
7	2	0,5	10									11
8	3	5			7							4
9	4	2	4		2						4	20
10	1	7					20			11		12
11	4	7			1	3,5						
12	6	10			3						1	
13	1	4			10		8					
14		22			6	3					6	
15		5			3		11	8,5				
16				4	10	10	6	13				
17				3	8	9	3	14	4	5		
18	17		2			13			9		3	
19	2		6				12	5			13	
20		2	5				3	3			3	
21	5	6			13			40			3	
22	3	3			9	4	5	10				
23	3	1					6	7			1	
24	2	11				6			12			
25	11	6	4	3		30			3			9
26	1			1		13			5			
27		5		2	6		4		2		2	
28		2		1	8	2	1				2	
29			7		3			1		13	1	4
30			17	10	1		5			2	4	5
31			18		13							

CORRECTION

44 1) On montre que 1 mm d'eau dans le pluviomètre correspond à 1 L d'eau au m² sur le terrain. On admet que l'eau est répartie uniformément en surface et en profondeur.

$$1 \text{ mm} = 10^{-3} \text{ m}.$$

Sur une surface de 1 m², il tombe 10^{-3} m d'eau. Si A est l'aire en m² et h la hauteur d'eau en m,

$$V = A \times h$$
$$V = 1 \times 10^{-3} = 10$$

le volume d'eau est de **10^{-3} m³**, soit **1 dm³** ou **1 L.**

2) On cherche la quantité d'eau récupérée dans la citerne pour un millimètre d'eau dans le pluviomètre :
1 mm d'eau dans le pluviomètre correspond à 1 L d'eau au m². Donc sur une toiture de 200 m², sachant qu'on ne récupère que 80 % de l'eau tombée, on a :

$$\frac{80}{100} \times 200 \times 1 = \mathbf{160\ L}$$

On récupère 160 L d'eau dans la citerne.

3) On cherche la hauteur d'eau dans le pluviomètre qui correspond à un remplissage complet de la citerne.

$$2000 \div 160 = \mathbf{12{,}5\ mm}$$

Il faut 12,5 mm d'eau dans le pluviomètre pour que la citerne soit remplie.

4) Quantité d'eau nécessaire par jour pour alimenter les toilettes en litres

$$4 \times 27\ (0{,}3 \times 6 + 0{,}7 \times 3) = \mathbf{421{,}2\ L/jour}$$

Il faut 421,2 L par jour.

5) Hauteur d'eau dans le pluviomètre pour faire fonctionner les toilettes pendant une journée :

$$421{,}2 \div 160 = \mathbf{2{,}6325\ mm}$$

Il faudra environ 2,6 mm d'eau dans le pluviomètre à 0,1 près.

Les tableaux donnant les résultats de l'exercice sont sur les pages suivantes.

6) En utilisant les résultats du tableau sur les pages suivantes, on trouve ces réponses :

a- Non, on n'a pas besoin d'utiliser le réseau en janvier.
b- On a économisé 7581,6 litres en janvier.
c- En sommant les précipitations de janvier et en multipliant par 200, on trouve 15 600 litres.
d- Le rapport est donc de 48,6 % (en tenant compte des 20 % de pluie qui ne peuvent pas être récupérés).

Janvier 2007						
Toutes les quantités d'eau sont exprimées en Litres						
Surface de toiture en m²			200	Quantité d'eau dans la cuve le 1er		2000
Nombre d'élèves par classe			27	Quantité d'eau pour les toilettes par jour		421,2
Jour	Codage du jour	Hauteur de pluie tombée	Quantité d'eau récupérable	Quantité d'eau dans la cuve au début de la journée	Quantité d'eau nécessaire pour les toilettes	Possible ou pas
lun. 1	F		0	2000	0	Inutile
mar. 2	F	6	960	2000	0	Inutile
mer. 3	F		0	2000	0	Inutile
jeu. 4	F	3	480	2000	0	Inutile
ven. 5	F		0	2000	0	Inutile
sam. 6	F	4	640	2000	0	Inutile
dim. 7	F	2	320	2000	0	Inutile
lun. 8	O	3	480	2000	421,2	Oui
mar. 9	O	4	640	2000	421,2	Oui
mer. 10	O	1	160	2000	421,2	Oui
jeu. 11	O	4	640	1738,8	421,2	Oui
ven. 12	O	6	960	1957,6	421,2	Oui
sam. 13	F	1	160	2000	0	Inutile
dim. 14	F		0	2000	0	Inutile
lun. 15	O		0	2000	421,2	Oui
mar. 16	O		0	1578,8	421,2	Oui
mer. 17	O		0	1157,6	421,2	Oui
jeu. 18	O	17	2720	736,4	421,2	Oui
ven. 19	O	2	320	2000	421,2	Oui
sam. 20	F		0	1898,8	0	Inutile
dim. 21	F	5	800	1898,8	0	Inutile
lun. 22	O	3	480	2000	421,2	Oui
mar. 23	O	3	480	2000	421,2	Oui
mer. 24	O	2	320	2000	421,2	Oui
jeu. 25	O	11	1760	1898,8	421,2	Oui
ven. 26	O	1	160	2000	421,2	Oui
sam. 27	F		0	1738,8	0	Inutile
dim. 28	F		0	1738,8	0	Inutile
lun. 29	O		0	1738,8	421,2	Oui
mar. 30	O		0	1317,6	421,2	Oui
mer. 31	O		0	896,4	421,2	Oui

Février 2007						
Toutes les quantités d'eau sont exprimées en Litres						
Surface de toiture en m²			200	Quantité d'eau dans la cuve le 1er		475,2
Nombre d'élèves par classe			27	Quantité d'eau pour les toilettes par jour		421,2
Jour	Codage du jour	Hauteur de pluie tombée	Quantité d'eau récupérable	Quantité d'eau dans la cuve au début de la journée	Quantité d'eau nécessaire pour les toilettes	Possible ou pas
jeu. 1	O		0	475,2	421,2	Oui
ven. 2	O		0	54	421,2	Non
sam. 3	F		0	54	0	Inutile
dim. 4	F		0	54	0	Inutile
lun. 5	O		0	54	421,2	Non
mar. 6	O		0	54	421,2	Non
mer. 7	O	0,5	80	54	421,2	Non
jeu. 8	O	5	800	134	421,2	Non
ven. 9	O	2	320	934	421,2	Oui
sam. 10	F	7	1120	832,8	0	Inutile
dim. 11	F	7	1120	1952,8	0	Inutile
lun. 12	F	10	1600	2000	0	Inutile
mar. 13	F	4	640	2000	0	Inutile
mer. 14	F	22	3520	2000	0	Inutile
jeu. 15	F	5	800	2000	0	Inutile
ven. 16	F		0	2000	0	Inutile
sam. 17	F		0	2000	0	Inutile
dim. 18	F		0	2000	0	Inutile
lun. 19	F		0	2000	0	Inutile
mar. 20	F	2	320	2000	0	Inutile
mer. 21	F	6	960	2000	0	Inutile
jeu. 22	F	3	480	2000	0	Inutile
ven. 23	F	1	160	2000	0	Inutile
sam. 24	F	11	1760	2000	0	Inutile
dim. 25	F	6	960	2000	0	Inutile
lun. 26	O		0	2000	421,2	Oui
mar. 27	O	5	800	1578,8	421,2	Oui
mer. 28	O	2	320	1957,6	421,2	Oui

Mars 2007						
Toutes les quantités d'eau sont exprimées en Litres						
Surface de toiture en m²			200	Quantité d'eau dans la cuve le 1er		1856,4
Nombre d'élèves par classe			27	Quantité d'eau pour les toilettes par jour		421,2
Jour	Codage du jour	Hauteur de pluie tombée	Quantité d'eau récupérable	Quantité d'eau dans la cuve au début de la journée	Quantité d'eau nécessaire pour les toilettes	Possible ou pas
jeu. 1	O	11	1760	1856,4	421,2	Oui
ven. 2	O	4	640	2000	421,2	Oui
sam. 3	F	6	960	2000	0	Inutile
dim. 4	F	4	640	2000	0	Inutile
lun. 5	O	2	320	2000	421,2	Oui
mar. 6	O	3	480	1898,8	421,2	Oui
mer. 7	O	10	1600	1957,6	421,2	Oui
jeu. 8	O		0	2000	421,2	Oui
ven. 9	O	4	640	1578,8	421,2	Oui
sam. 10	F		0	1797,6	0	Inutile
dim. 11	F		0	1797,6	0	Inutile
lun. 12	O		0	1797,6	421,2	Oui
mar. 13	O		0	1376,4	421,2	Oui
mer. 14	O		0	955,2	421,2	Oui
jeu. 15	O		0	534	421,2	Oui
ven. 16	O		0	112,8	421,2	Non
sam. 17	F		0	112,8	0	Inutile
dim. 18	F	2	320	112,8	0	Inutile
lun. 19	O	6	960	432,8	421,2	Non
mar. 20	O	5	800	1392,8	421,2	Oui
mer. 21	O		0	1771,6	421,2	Oui
jeu. 22	O		0	1350,4	421,2	Oui
ven. 23	O		0	929,2	421,2	Oui
sam. 24	F		0	508	0	Inutile
dim. 25	F	4	640	508	0	Inutile
lun. 26	O		0	1148	421,2	Oui
mar. 27	O		0	726,8	421,2	Oui
mer. 28	O		0	305,6	421,2	Non
jeu. 29	O	7	1120	305,6	421,2	Non
ven. 30	O	17	2720	1425,6	421,2	Oui
sam. 31	F	18	2880	2000	0	Inutile

Avril 2007						
Toutes les quantités d'eau sont exprimées en Litres						
Surface de toiture en m²			200	Quantité d'eau dans la cuve le 1er		2000
Nombre d'élèves par classe			27	Quantité d'eau pour les toilettes par jour		421,2
Jour	Codage du jour	Hauteur de pluie tombée	Quantité d'eau récupérable	Quantité d'eau dans la cuve au début de la journée	Quantité d'eau nécessaire pour les toilettes	Possible ou pas
dim. 1	F		0	2000	0	Inutile
lun. 2	F		0	2000	0	Inutile
mar. 3	F		0	2000	0	Inutile
mer. 4	F		0	2000	0	Inutile
jeu. 5	F		0	2000	0	Inutile
ven. 6	F		0	2000	0	Inutile
sam. 7	F		0	2000	0	Inutile
dim. 8	F		0	2000	0	Inutile
lun. 9	F		0	2000	0	Inutile
mar. 10	F		0	2000	0	Inutile
mer. 11	F		0	2000	0	Inutile
jeu. 12	F		0	2000	0	Inutile
ven. 13	F		0	2000	0	Inutile
sam. 14	F		0	2000	0	Inutile
dim. 15	F		0	2000	0	Inutile
lun. 16	O	4	640	2000	421,2	Oui
mar. 17	O	3	480	2000	421,2	Oui
mer. 18	O		0	2000	421,2	Oui
jeu. 19	O		0	1578,8	421,2	Oui
ven. 20	O		0	1157,6	421,2	Oui
sam. 21	F		0	736,4	0	Inutile
dim. 22	F		0	736,4	0	Inutile
lun. 23	O		0	736,4	421,2	Oui
mar. 24	O		0	315,2	421,2	Non
mer. 25	O	3	480	315,2	421,2	Non
jeu. 26	O	1	160	795,2	421,2	Oui
ven. 27	O	2	320	534	421,2	Oui
sam. 28	F	1	160	432,8	0	Inutile
dim. 29	F		0	592,8	0	Inutile
lun. 30	O	10	1600	592,8	421,2	Oui

Mai 2007						
Toutes les quantités d'eau sont exprimées en Litres						
Surface de toiture en m²			200	Quantité d'eau dans la cuve le 1er		1771,6
Nombre d'élèves par classe			27	Quantité d'eau pour les toilettes par jour		421,2
Jour	Codage du jour	Hauteur de pluie tombée	Quantité d'eau récupérable	Quantité d'eau dans la cuve au début de la journée	Quantité d'eau nécessaire pour les toilettes	Possible ou pas
mar. 1	F	3	480	1771,6	0	Inutile
mer. 2	O	5	800	2000	421,2	Oui
jeu. 3	O		0	2000	421,2	Oui
ven. 4	O		0	1578,8	421,2	Oui
sam. 5	F		0	1157,6	0	Inutile
dim. 6	F		0	1157,6	0	Inutile
lun. 7	O		0	1157,6	421,2	Oui
mar. 8	F	7	1120	736,4	0	Inutile
mer. 9	O	2	320	1856,4	421,2	Oui
jeu. 10	O		0	1755,2	421,2	Oui
ven. 11	O	1	160	1334	421,2	Oui
sam. 12	F	3	480	1072,8	0	Inutile
dim. 13	F	10	1600	1552,8	0	Inutile
lun. 14	O	6	960	2000	421,2	Oui
mar. 15	O	3	480	2000	421,2	Oui
mer. 16	O	10	1600	2000	421,2	Oui
jeu. 17	F	8	1280	2000	0	Inutile
ven. 18	F		0	2000	0	Inutile
sam. 19	F		0	2000	0	Inutile
dim. 20	F		0	2000	0	Inutile
lun. 21	O	13	2080	2000	421,2	Oui
mar. 22	O	9	1440	2000	421,2	Oui
mer. 23	O		0	2000	421,2	Oui
jeu. 24	O		0	1578,8	421,2	Oui
ven. 25	O		0	1157,6	421,2	Oui
sam. 26	F		0	736,4	0	Inutile
dim. 27	F	6	960	736,4	0	Inutile
lun. 28	F	8	1280	1696,4	0	Inutile
mar. 29	O	3	480	2000	421,2	Oui
mer. 30	O	1	160	2000	421,2	Oui
jeu. 31	O	13	2080	1738,8	421,2	Oui

Juin 2007						
Toutes les quantités d'eau sont exprimées en Litres						
Surface de toiture en m²			200	Quantité d'eau dans la cuve le 1er		2000
Nombre d'élèves par classe			27	Quantité d'eau pour les toilettes par jour		421,2
Jour	Codage du jour	Hauteur de pluie tombée	Quantité d'eau récupérable	Quantité d'eau dans la cuve au début de la journée	Quantité d'eau nécessaire pour les toilettes	Possible ou pas
ven. 1	O	7	1120	2000	421,2	Oui
sam. 2	F		0	2000	0	Inutile
dim. 3	F		0	2000	0	Inutile
lun. 4	O		0	2000	421,2	Oui
mar. 5	O		0	1578,8	421,2	Oui
mer. 6	O		0	1157,6	421,2	Oui
jeu. 7	O		0	736,4	421,2	Oui
ven. 8	O		0	315,2	421,2	Non
sam. 9	F		0	315,2	0	Inutile
dim. 10	F		0	315,2	0	Inutile
lun. 11	O	3,5	560	315,2	421,2	Non
mar. 12	O		0	875,2	421,2	Oui
mer. 13	O		0	454	421,2	Oui
jeu. 14	O	3	480	32,8	421,2	Non
ven. 15	O		0	512,8	421,2	Oui
sam. 16	F	10	1600	91,6	0	Inutile
dim. 17	F	9	1440	1691,6	0	Inutile
lun. 18	O	13	2080	2000	421,2	Oui
mar. 19	O		0	2000	421,2	Oui
mer. 20	O		0	1578,8	421,2	Oui
jeu. 21	O		0	1157,6	421,2	Oui
ven. 22	O	4	640	736,4	421,2	Oui
sam. 23	F		0	955,2	0	Inutile
dim. 24	F	6	960	955,2	0	Inutile
lun. 25	O	30	4800	1915,2	421,2	Oui
mar. 26	O	13	2080	2000	421,2	Oui
mer. 27	O		0	2000	421,2	Oui
jeu. 28	O	2	320	1578,8	421,2	Oui
ven. 29	O		0	1477,6	421,2	Oui
sam. 30	F		0	1056,4	0	Inutile

Juillet 2007						
Toutes les quantités d'eau sont exprimées en Litres						
Surface de toiture en m²			200	Quantité d'eau dans la cuve le 1er		1056,4
Nombre d'élèves par classe			27	Quantité d'eau pour les toilettes par jour		421,2
Jour	Codage du jour	Hauteur de pluie tombée	Quantité d'eau récupérable	Quantité d'eau dans la cuve au début de la journée	Quantité d'eau nécessaire pour les toilettes	Possible ou pas
dim. 1	F	9	1440	1056,4	0	Inutile
lun. 2	O	7	1120	2000	421,2	Oui
mar. 3	O	15	2400	2000	421,2	Oui
mer. 4	F	3	480	2000	0	Inutile
jeu. 5	F	3	480	2000	0	Inutile
ven. 6	F	5	800	2000	0	Inutile
sam. 7	F		0	2000	0	Inutile
dim. 8	F		0	2000	0	Inutile
lun. 9	F		0	2000	0	Inutile
mar. 10	F	20	3200	2000	0	Inutile
mer. 11	F		0	2000	0	Inutile
jeu. 12	F		0	2000	0	Inutile
ven. 13	F	8	1280	2000	0	Inutile
sam. 14	F		0	2000	0	Inutile
dim. 15	F	11	1760	2000	0	Inutile
lun. 16	F	6	960	2000	0	Inutile
mar. 17	F	3	480	2000	0	Inutile
mer. 18	F		0	2000	0	Inutile
jeu. 19	F	12	1920	2000	0	Inutile
ven. 20	F	3	480	2000	0	Inutile
sam. 21	F		0	2000	0	Inutile
dim. 22	F	5	800	2000	0	Inutile
lun. 23	F	6	960	2000	0	Inutile
mar. 24	F		0	2000	0	Inutile
mer. 25	F		0	2000	0	Inutile
jeu. 26	F		0	2000	0	Inutile
ven. 27	F	4	640	2000	0	Inutile
sam. 28	F	1	160	2000	0	Inutile
dim. 29	F		0	2000	0	Inutile
lun. 30	F	5	800	2000	0	Inutile
mar. 31	F		0	2000	0	Inutile

Aout 2007						
Toutes les quantités d'eau sont exprimées en Litres						
Surface de toiture en m²			200	Quantité d'eau dans la cuve le 1er		2000
Nombre d'élèves par classe			27	Quantité d'eau pour les toilettes par jour		421,2
Jour	Codage du jour	Hauteur de pluie tombée	Quantité d'eau récupérable	Quantité d'eau dans la cuve au début de la journée	Quantité d'eau nécessaire pour les toilettes	Possible ou pas
mer. 1	F		0	2000	0	Inutile
jeu. 2	F		0	2000	0	Inutile
ven. 3	F	1	160	2000	0	Inutile
sam. 4	F		0	2000	0	Inutile
dim. 5	F		0	2000	0	Inutile
lun. 6	F	3	480	2000	0	Inutile
mar. 7	F		0	2000	0	Inutile
mer. 8	F		0	2000	0	Inutile
jeu. 9	F		0	2000	0	Inutile
ven. 10	F		0	2000	0	Inutile
sam. 11	F		0	2000	0	Inutile
dim. 12	F		0	2000	0	Inutile
lun. 13	F		0	2000	0	Inutile
mar. 14	F		0	2000	0	Inutile
mer. 15	F	8,5	1360	2000	0	Inutile
jeu. 16	F	13	2080	2000	0	Inutile
ven. 17	F	14	2240	2000	0	Inutile
sam. 18	F		0	2000	0	Inutile
dim. 19	F	5	800	2000	0	Inutile
lun. 20	F	3	480	2000	0	Inutile
mar. 21	F	40	6400	2000	0	Inutile
mer. 22	F	10	1600	2000	0	Inutile
jeu. 23	F	7	1120	2000	0	Inutile
ven. 24	F		0	2000	0	Inutile
sam. 25	F		0	2000	0	Inutile
dim. 26	F		0	2000	0	Inutile
lun. 27	F		0	2000	0	Inutile
mar. 28	F		0	2000	0	Inutile
mer. 29	F	1	160	2000	0	Inutile
jeu. 30	F		0	2000	0	Inutile
ven. 31	F		0	2000	0	Inutile

Septembre 2007						
Toutes les quantités d'eau sont exprimées en Litres						
Surface de toiture en m²			200	Quantité d'eau dans la cuve le 1er		2000
Nombre d'élèves par classe			27	Quantité d'eau pour les toilettes par jour		421,2
Jour	Codage du jour	Hauteur de pluie tombée	Quantité d'eau récupérable	Quantité d'eau dans la cuve au début de la journée	Quantité d'eau nécessaire pour les toilettes	Possible ou pas
sam. 1	F		0	2000	0	Inutile
dim. 2	F		0	2000	0	Inutile
lun. 3	O		0	2000	421,2	Oui
mar. 4	O		0	1578,8	421,2	Oui
mer. 5	O		0	1157,6	421,2	Oui
jeu. 6	O		0	736,4	421,2	Oui
ven. 7	O		0	315,2	421,2	Non
sam. 8	F		0	315,2	0	Inutile
dim. 9	F		0	315,2	0	Inutile
lun. 10	O		0	315,2	421,2	Non
mar. 11	O		0	315,2	421,2	Non
mer. 12	O		0	315,2	421,2	Non
jeu. 13	O		0	315,2	421,2	Non
ven. 14	O		0	315,2	421,2	Non
sam. 15	F		0	315,2	0	Inutile
dim. 16	F		0	315,2	0	Inutile
lun. 17	O	4	640	315,2	421,2	Non
mar. 18	O	9	1440	955,2	421,2	Oui
mer. 19	O		0	1974	421,2	Oui
jeu. 20	O		0	1552,8	421,2	Oui
ven. 21	O		0	1131,6	421,2	Oui
sam. 22	F		0	710,4	0	Inutile
dim. 23	F		0	710,4	0	Inutile
lun. 24	O	12	1920	710,4	421,2	Oui
mar. 25	O	3	480	2000	421,2	Oui
mer. 26	O	5	800	2000	421,2	Oui
jeu. 27	O	2	320	2000	421,2	Oui
ven. 28	O		0	1898,8	421,2	Oui
sam. 29	F		0	1477,6	0	Inutile
dim. 30	F		0	1477,6	0	Inutile

Octobre 2007						
Toutes les quantités d'eau sont exprimées en Litres						
Surface de toiture en m²			200	Quantité d'eau dans la cuve le 1er		1477,6
Nombre d'élèves par classe			27	Quantité d'eau pour les toilettes par jour		421,2
Jour	Codage du jour	Hauteur de pluie tombée	Quantité d'eau récupérable	Quantité d'eau dans la cuve au début de la journée	Quantité d'eau nécessaire pour les toilettes	Possible ou pas
lun. 1	O	8	1280	1477,6	421,2	Oui
mar. 2	O		0	2000	421,2	Oui
mer. 3	O	13	2080	1578,8	421,2	Oui
jeu. 4	O		0	2000	421,2	Oui
ven. 5	O		0	1578,8	421,2	Oui
sam. 6	F		0	1157,6	0	Inutile
dim. 7	F		0	1157,6	0	Inutile
lun. 8	O		0	1157,6	421,2	Oui
mar. 9	O		0	736,4	421,2	Oui
mer. 10	O	11	1760	315,2	421,2	Non
jeu. 11	O		0	2000	421,2	Oui
ven. 12	O		0	1578,8	421,2	Oui
sam. 13	F		0	1157,6	0	Inutile
dim. 14	F		0	1157,6	0	Inutile
lun. 15	O		0	1157,6	421,2	Oui
mar. 16	O		0	736,4	421,2	Oui
mer. 17	O	5	800	315,2	421,2	Non
jeu. 18	O		0	1115,2	421,2	Oui
ven. 19	O		0	694	421,2	Oui
sam. 20	F		0	272,8	0	Inutile
dim. 21	F		0	272,8	0	Inutile
lun. 22	O		0	272,8	421,2	Non
mar. 23	O		0	272,8	421,2	Non
mer. 24	O		0	272,8	421,2	Non
jeu. 25	O		0	272,8	421,2	Non
ven. 26	O		0	272,8	421,2	Non
sam. 27	F		0	272,8	0	Inutile
dim. 28	F		0	272,8	0	Inutile
lun. 29	F	13	2080	272,8	0	Inutile
mar. 30	F	2	320	2000	0	Inutile
mer. 31	F		0	2000	0	Inutile

Novembre 2007						
Toutes les quantités d'eau sont exprimées en Litres						
Surface de toiture en m²			200	Quantité d'eau dans la cuve le 1er		2000
Nombre d'élèves par classe			27	Quantité d'eau pour les toilettes par jour		421,2
Jour	Codage du jour	Hauteur de pluie tombée	Quantité d'eau récupérable	Quantité d'eau dans la cuve au début de la journée	Quantité d'eau nécessaire pour les toilettes	Possible ou pas
jeu. 1	F		0	2000	0	Inutile
ven. 2	F		0	2000	0	Inutile
sam. 3	F		0	2000	0	Inutile
dim. 4	F		0	2000	0	Inutile
lun. 5	F		0	2000	0	Inutile
mar. 6	F		0	2000	0	Inutile
mer. 7	F		0	2000	0	Inutile
jeu. 8	O		0	2000	421,2	Oui
ven. 9	O	4	640	1578,8	421,2	Oui
sam. 10	F		0	1797,6	0	Inutile
dim. 11	F		0	1797,6	0	Inutile
lun. 12	O	1	160	1797,6	421,2	Oui
mar. 13	O		0	1536,4	421,2	Oui
mer. 14	O	6	960	1115,2	421,2	Oui
jeu. 15	O		0	1654	421,2	Oui
ven. 16	O		0	1232,8	421,2	Oui
sam. 17	F		0	811,6	0	Inutile
dim. 18	F	3	480	811,6	0	Inutile
lun. 19	O	13	2080	1291,6	421,2	Oui
mar. 20	O	3	480	2000	421,2	Oui
mer. 21	O	3	480	2000	421,2	Oui
jeu. 22	O		0	2000	421,2	Oui
ven. 23	O	1	160	1578,8	421,2	Oui
sam. 24	F		0	1317,6	0	Inutile
dim. 25	F		0	1317,6	0	Inutile
lun. 26	O		0	1317,6	421,2	Oui
mar. 27	O	2	320	896,4	421,2	Oui
mer. 28	O	2	320	795,2	421,2	Oui
jeu. 29	O	1	160	694	421,2	Oui
ven. 30	O	4	640	432,8	421,2	Non

Décembre 2007						
Toutes les quantités d'eau sont exprimées en Litres						
Surface de toiture en m²		200	Quantité d'eau dans la cuve le 1er			1072,8
Nombre d'élèves par classe		27	Quantité d'eau pour les toilettes par jour			421,2
Jour	Codage du jour	Hauteur de pluie tombée	Quantité d'eau récupérable	Quantité d'eau dans la cuve au début de la journée	Quantité d'eau nécessaire pour les toilettes	Possible ou pas
sam. 1	F	9	1440	1072,8	0	Inutile
dim. 2	F	11	1760	2000	0	Inutile
lun. 3	O	11	1760	2000	421,2	Oui
mar. 4	O		0	2000	421,2	Oui
mer. 5	O	2	320	1578,8	421,2	Oui
jeu. 6	O	4	640	1477,6	421,2	Oui
ven. 7	O	11	1760	1696,4	421,2	Oui
sam. 8	F	4	640	2000	0	Inutile
dim. 9	F	20	3200	2000	0	Inutile
lun. 10	O	12	1920	2000	421,2	Oui
mar. 11	O		0	2000	421,2	Oui
mer. 12	O		0	1578,8	421,2	Oui
jeu. 13	O		0	1157,6	421,2	Oui
ven. 14	O		0	736,4	421,2	Oui
sam. 15	F		0	315,2	0	Inutile
dim. 16	F		0	315,2	0	Inutile
lun. 17	O		0	315,2	421,2	Non
mar. 18	O		0	315,2	421,2	Non
mer. 19	O		0	315,2	421,2	Non
jeu. 20	O		0	315,2	421,2	Non
ven. 21	O		0	315,2	421,2	Non
sam. 22	F		0	315,2	0	Inutile
dim. 23	F		0	315,2	0	Inutile
lun. 24	F		0	315,2	0	Inutile
mar. 25	F	9	1440	315,2	0	Inutile
mer. 26	F		0	1755,2	0	Inutile
jeu. 27	F		0	1755,2	0	Inutile
ven. 28	F		0	1755,2	0	Inutile
sam. 29	F	4	640	1755,2	0	Inutile
dim. 30	F	5	800	2000	0	Inutile
lun. 31	F		0	2000	0	Inutile

COMMENT ÊTRE BIEN DANS SON QUOTIDIEN ?

Connaissances requises :

- Connaître la multiplication de nombres décimaux

45 *En passant devant le rayon librairie d'un grand magasin, Delphine voit une offre promotionnelle pour le lancement d'une nouvelle collection : « Comment être bien dans son quotidien avec la gymnastique douce ? ».*

Le premier numéro est proposé à 1 € avec 10 fiches, 1 CD de pratique et 1 DVD.

Elle achète donc ce numéro. En ouvrant l'emballage, elle trouve une offre proposant le deuxième numéro pour 2,99 € (+ 0,50 € de frais de port) au lieu de 6,99 € avec en prime le n°3 et le n°4 gratuits et un cadeau surprise, à condition de choisir un abonnement libre. Elle aura alors la garantie de recevoir les numéros suivants pendant au moins 12 mois à raison de quatre numéros par mois au prix de 6,99 € le numéro (+ 0,50 € de frais de port).

1) Combien devra-t-elle payer pour acquérir la collection complète si celle-ci comporte 52 numéros ? 100 numéros ?

2) Comparer le prix au numéro dans les deux cas.

3) *Delphine décide finalement d'accepter l'offre et d'acheter les quatre numéros par mois. La collection comporte 100 numéros.* Combien aura-t-elle dépensé en moyenne par mois pendant les deux ans ?

CORRECTION

45 1) Coût des quatre premiers numéros :

1,00 € + 2,99 € + 0,50 € = **4,49 €**

Coût des 48 numéros suivants les 4 premiers :

(6,99 € + 0,50 €) x 48 = **359,52 €**

Pour acquérir 52 numéros, Delphine devra donc payer :

359,52 € + 4,49 € = **364,01 €**

Coût des 96 numéros suivants les 4 premiers :

(6,99 € + 0,50 €) x 96 = **719,04 €**

Pour acquérir 100 numéros Delphine devra donc payer :

719,04 € + 4,49 € = **723,53 €**

2) Prix par numéro, si Delphine achète 52 numéros :

364,01 € ÷ 52 ≅ **7 €**

Prix par numéro, si Delphine achète 100 numéros :

723,53 € ÷ 100 € ≅ **7,24 €**

3) Si Delphine accepte d'acheter des numéros pendant 2 ans, elle achètera donc 100 numéros et dépensera 723,53 € pendant 24 mois, soit **environ 30,15 € par mois**.

UN JEU LORS D'UNE ÉMISSION TÉLÉVISÉE

Connaissances requises :

- Notions de bases de probabilités
- Proportionalité

46 *Au cours d'une émission télévisée, le taux d'audience de l'émission est mesuré à 500 000 personnes. Pendant l'émission, un jeu est proposé aux téléspectateurs : ils doivent répondre à une question facile, à laquelle 4 personnes sur 5 regardant l'émission savent répondre. Parmi les personnes connaissant la bonne réponse, une personne sur 10 téléphone au standard de l'émission pour donner la réponse.*

1) Combien de personnes ont téléphoné au standard en donnant la bonne réponse ?

Parmi les personnes ayant donné la bonne réponse au standard, un téléspectateur est tiré au sort et gagne 500 €.

2) Quelle chance a un téléspectateur ayant téléphoné au standard et donné la bonne réponse de gagner 500 € ?

Les producteurs de l'émission touchent 0,53 € par appel au standard. 5000 personnes ne connaissant pas la bonne réponse téléphonent aussi au standard.

3) Combien le jeu aura-t-il rapporté aux producteurs ?

4) Quel est le gain moyen d'un téléspectateur ayant téléphoné ?

CORRECTION

46 1) 4 personnes sur 5 regardant l'émission savent répondre. Par conséquent, 400 000 personnes savent répondre au jeu. Comme parmi elles, une sur 10 téléphone au standard de l'émission pour donner la réponse, on a donc :

$$500\,000 \times \frac{4}{5} \times \frac{1}{10} = \mathbf{40\,000}$$

40 000 personnes qui téléphonent au standard de l'émission pour donner la bonne réponse.

2) Une personne ayant téléphoné au standard et donné la bonne réponse a donc une chance sur 40 000 de gagner les 500 €.

3) 45 000 personnes répondent au jeu (40 000 donnent la bonne réponse et 5 000 la mauvaise réponse). On estime que le jeu aura rapporté aux producteurs :

$$45\,000 \times 0{,}53\text{ €} - 500\text{ €} = \mathbf{23\,350\text{ €}}$$

4) Le gain moyen d'un téléspectateur ayant téléphoné est de :

$$500 \div 45\,000 = \mathbf{0{,}011\text{ €}}$$

Le gain moyen par téléspectateur est d'environ un centime d'euros.

* * *

Commentaires :

En connaissant le taux d'audience d'une émission, la valeur des lots offerts au jeu proposé, et en évaluant le nombre de personnes répondant au jeu, on peut déterminer le gain que va rapporter le jeu

EXTENSION DE GARANTIE

Connaissances requises :

- Notion de probabilité, moyenne

47 *Un lave-linge proposé par une grande surface est garanti 2 ans pièces et main d'œuvre.*

Le magasin propose une extension de garantie coûtant 70 € pour trois années supplémentaires.

Le magasin a constaté que pour 100 clients qui ont pris l'extension de garantie sur cet appareil, 5 sont tombés en panne. La réparation a coûté en moyenne 180 €.

1) Quel est le coût des réparations pour le magasin ?
2) Quel est le gain apporté au magasin avec l'extension de garantie ?
3) Quel est le bénéfice du magasin ?
4) L'extension de garantie vous paraît-elle intéressante pour le magasin ?
5) Combien de pannes aurait-il fallu pour que le magasin perde de l'argent ?

CORRECTION

47 1) Coût des réparations pour le magasin :

5 x 180 € = **900 €**

2) Gain apporté au magasin avec l'extension de garantie

100 x 70 € = **7 000 €**

3) Bénéfice du magasin

7000 € - 900 € = **6 100 €**

4) Oui, l'extension de garantie paraît intéressante pour le magasin car elle rapporte pour 100 clients un bénéfice de 6 100 €.

5) Nombre minimum de pannes pour que le magasin perde de l'argent :

7000 ÷ 180 = **38,89**

Le nombre minimum de pannes pour que le magasin perde de l'argent est 39 pannes.

POLLUTION ET ÉCONOMIE D'ÉNERGIE

Connaissances requises :

- Opérations sur les nombres décimaux
- Calcul d'un taux de pourcentage
- Proportionnalité

48 Première partie :

Voici trois itinéraires proposés pour aller de Caen à Saint-Lô:
- un itinéraire rapide passant par l'autoroute A 84 pendant 45 km, puis rejoignant Saint-Lô par une départementale pendant 26 km.
- un second itinéraire empruntant pendant 23 km la nationale 13 (qui est une nationale à 4 voies) jusqu'à Bayeux, puis rejoignant Saint-Lô par la départementale 572 après 37 km.
- un troisième itinéraire (plutôt conseillé pour les cyclomoteurs) long de 56 km, passant par des routes départementales et Caumont-L'Eventé.

1) Calculer la longueur des deux premiers itinéraires.

2) Calculer le temps nécessaire pour se rendre de Caen à Saint-Lô par ces deux itinéraires, sachant qu'on ne peut pas toujours rouler à la vitesse maximum indiquée, la vitesse moyenne étant :

- sur l'autoroute, de 120 km/h
- sur une nationale avec 4 voies, de 100 km/h
- sur une départementale, de 60 km/h.

3) *Un cyclomotoriste veut faire le trajet avec une vitesse moyenne de 40 km/h, mais comme les routes nationales avec terre-plein central et les autoroutes lui sont interdites, il passe par Caumont-L'Eventé.* Combien de temps lui faudra-t-il pour faire ce voyage ?

4) *Un avion a une vitesse de 850 km/h.*
Combien de temps faudra-t-il à cet avion pour parcourir la distance de Caen à Saint-Lô, sachant que la distance à vol d'oiseau entre les deux villes est de 55 km ?

Deuxième partie :

Antoine est étudiant à Caen et ses parents habitent Saint-Lô. Chaque week-end, il rentre au domicile familial et fait ainsi le trajet Caen-Saint-Lô ou Saint-Lô-Caen, 80 fois par an.

Antoine possède une « Peugeot 206 » qui consomme 6,1 L d'essence aux 100 km et qui rejette 145 g de CO_2 au km.

1) *On suppose que le prix du litre d'essence est de 1,419 €.*
Calculer le coût du carburant utilisé au cours de l'année en supposant qu'Antoine prenne régulièrement l'itinéraire rapide.

2) Quelle est dans ce cas la quantité de CO_2 rejetée ?

3) Calculer le coût du carburant utilisé au cours de l'année en supposant qu'Antoine prenne régulièrement l'itinéraire passant par Bayeux.

4) Quelle est dans ce cas la quantité de CO_2 rejetée ?

5) *On suppose que 11 000 véhicules font quotidiennement le trajet Caen-Saint-Lô.*

Calculer la quantité de CO_2 rejetée en moins par jour si tous ces véhicules empruntent l'itinéraire le moins polluant des deux ci-dessus, en supposant que chaque véhicule rejette en moyenne 145 g de CO_2 au km.

6) Antoine a-t-il une autre alternative ?

CORRECTION

48 **Première partie :**

1) La longueur de l'itinéraire passant par l'autoroute A 84 est de 71 km et la longueur de l'itinéraire passant par Bayeux est de 60 km.

2) Le temps (exprimé en minutes) pour parcourir 45 km avec une vitesse moyenne de 120 km/h est de :

$$45 \times \frac{60}{120} = \mathbf{22{,}5}$$

Le temps pour parcourir 26 km avec une vitesse moyenne de 60 km/h est de **26 minutes** puisqu'il faut une minute pour parcourir un km.
Le temps total pour aller de Caen à Saint-Lô en passant par l'autoroute A 84 sera donc de **48 minutes et demi**.

Le temps (exprimé en minutes) pour parcourir les 23 km de Caen à Bayeux avec une vitesse moyenne de 100 km/h est de :

$$23 \times \frac{60}{100} = \mathbf{13{,}8}$$

Le temps pour parcourir les 37 km de Bayeux à Saint-Lô avec une vitesse moyenne de 60 km/h est de **37 minutes**.
Le temps total pour aller de Caen à Saint-Lô en passant par Bayeux sera donc de **50,8 minutes**.

Le gain de temps obtenu en prenant l'autoroute sera de **moins de 3 minutes**.

3) Le temps (exprimé en minutes) pour aller de Caen à Saint-Lô en cyclomoteur en passant par Caumont-L'Eventé sera de :

$$56 \times \frac{60}{40} = \mathbf{84}$$

Cela fera donc **une heure et 24 minutes**.

4) Le temps (exprimé en minutes) pour aller de Caen à Saint-Lô en avion sera de :

$$55 \times \frac{60}{850} \cong \mathbf{3{,}88}$$

Il faudra donc moins de **4 minutes**.

Deuxième partie :

1) Si Antoine va de Caen à Saint-Lô en passant par l'autoroute A4, le coût du carburant (en euros) est de :

$$80 \times 71 \times \frac{6{,}1}{100} \times 1{,}419\ € \cong \mathbf{491{,}66\ €}$$

2) La quantité de CO_2 rejetée sur l'année en passant par l'autoroute est :

$$80 \times 71 \text{ km} \times 145 \text{ g/km} = \mathbf{823\ 600\ g}$$

3) Le coût du carburant (en euros) si l'étudiant va de Caen à Saint-Lô par la Nationale 13 est de :

$$80 \times 60 \times \frac{6{,}1}{100} \times 1{,}419\ € \cong \mathbf{415{,}48\ €}$$

L'économie en passant par la Nationale13 est de :

$$491{,}66\ € - 415{,}48\ € = \mathbf{76{,}18\ €}$$

4) La quantité de CO_2 rejetée sur l'année en passant par la Nationale 13 est :

80 x 60 km x 145 g/km = **696 000 g**

En passant par la nationale 13 toute l'année, Antoine émettra 127,6 kg de CO_2 en moins.

823,6 kg - 696 kg = **127,6 kg**

5) La différence entre les deux trajets étant de 11 km, la quantité de CO_2 rejetée en moins en utilisant le trajet le plus court sera de :

11 000 x 11km x 145 g/km = **17 545 000 g**

Cela représente donc **plus de 17 tonnes d'émission de CO_2 en moins pour une journée**.

6) On peut remarquer qu'Antoine, roulant à 60 km/h sur les départementales, mettra 56 minutes pour aller de Caen à Saint-Lô en passant par Caumont-L'Eventé, soit seulement 5 minutes de plus qu'en passant par Bayeux. Par conséquent, s'il n'est pas trop pressé, il peut choisir d'utiliser ce trajet.
Nous laissons au lecteur le soin de calculer l'économie réalisée sur son budget ainsi qu'en émission de CO_2, s'il choisit cette option toute l'année.

THÈME DE CONVERGENCE : ÉDUCATION À LA SANTÉ

Connaissances requises :

- *Opération sur les nombres décimaux*
- *Application d'un taux de pourcentage*
- *Réalisation de diagrammes*
- *Présentation de données dans un tableau*
- *Lecture de tableaux de données*
- *Lecture de graphiques*
- *Exploitation d'une enquête*
- *Proportionnalité*
- *Changements d'unités de masses*

49 Étude d'un article de journal

Pour perdre du « poids », il est inutile de suivre un régime draconien, mais il faut avoir une alimentation équilibrée et pratiquer régulièrement un sport.

Dans un document pris dans une pharmacie, on peut lire ces quelques lignes : « Chez les enfants, près de 20 % sont en surpoids alors qu'ils n'étaient que 3 % dans les années 1960. Si l'on ne réagit pas, dans une dizaine d'années, un enfant sur quatre sera en excès de « poids » et les deux tiers d'entre eux resteront obèses à l'âge adulte. Tout ceci résulte d'un déséquilibre entre les apports caloriques et les dépenses énergétiques ». (Dossier écrit par Claire REUILLON)

1) Représenter à l'aide d'un diagramme circulaire la comparaison du nombre d'enfants en surpoids aujourd'hui et dans les années 1960.
2) Si l'on ne fait rien dans 10 ans, quel pourcentage au moins des enfants restera obèse à l'âge adulte ?

50 Enquête : de quoi se compose mon petit déjeuner ?

	Mettre une croix dans la case correspondant	
1 Prenez-vous un petit déjeuner avant de partir à l'école ?	oui ☐	non ☐
2 Si oui, combien de temps vous faut-il pour prendre ce petit déjeuner	Moins de 5 min	
	entre 5 et 10 min	
	Plus de 10 min	
3 Si vous prenez un petit déjeuner de quoi se compose-t-il ?		
lait		
café		
chocolat		
thé		
fruit		
yaourt		
pain		
beurre		
confiture		
céréales		
gâteaux		
autres		

Exploitation de l'enquête.

1) Présenter les résultats des différentes questions de l'enquête sous forme de tableaux (un tableau par question).
2) Quel est le pourcentage d'élèves de la classe qui ne prennent pas de petit déjeuner ?
3) Quel est le pourcentage des élèves de la classe qui boivent du lait au petit déjeuner ?
4) Représenter à l'aide d'un diagramme à barres les résultats de la question 3) de l'enquête.
5) Représenter à l'aide d'un diagramme circulaire les résultats de la question 2) de l'enquête.

51 *Le petit déjeuner doit apporter les calories nécessaires pour bien démarrer la journée. Qu'en est-il ?*

Pour être en bonne santé, un adolescent a besoin de 2300 à 3000 kcal par jour suivant sa taille et son activité physique. Le petit déjeuner doit apporter environ 25 % du total énergétique de la journée.

1) Combien de calories sont nécessaires au petit déjeuner d'un adolescent ? (On donnera le résultat sous forme d'un encadrement).

2) *Voici le petit déjeuner de deux adolescents :*

Menu 1 :

- 30 g de céréales
- 125 ml de lait entier (environ 125 g)
- une pomme (environ 175 g)
- un verre de jus d'orange (environ 125 g)
- 30 g de pain avec 10 g de beurre et 10 g de confiture

Menu 2 :

- 100 g de pain avec 30 g de beurre et 30 g de confiture
- 125 ml de lait entier (environ 125 g)
- une pomme (environ 175 g)
- un verre de jus d'orange (environ 125 g)

Composition pour 100 g

Aliment	Protéines en g	Glucides en g	Lipides en g
Pomme	0,3	11,7	0,3
Lait entier	3,0	4,8	3,5
Céréales	9,5	74,0	8,0
Jus d'orange	0,7	8,3	0,3
Pain	8,0	57,5	1,0
Beurre	0,7	0,5	83
Confitures	0,0	66,0	0,0

On sait que 1 g de protéines apporte 4 kcal, 1 g de glucides 4 kcal et 1 g de lipides 9 kcal.

En s'aidant du tableau et des données ci-dessus, calculer si les deux adolescents ont chacun l'apport de calories suffisant pour bien commencer leur journée.

Chaque personne pourra ensuite calculer de la même manière son apport calorique au petit-déjeuner. Elle pourra calculer ensuite si elle a eu un apport en calories suffisant pour bien commencer la journée.

52 Lecture d'un graphique : éducation à la santé

Le graphique ci-dessous donne le nombre de kilocalories dépensées pendant des activités physiques de 30 minutes chacune.

Les calories dépensées sont supposées proportionnelles au temps pendant lequel on pratique l'activité physique.

En utilisant les graphiques ci-dessus répondre aux questions ci-dessous.

1) Quel est le nombre de kilocalories dépensées pendant un parcours de 30 minutes à vélo avec une vitesse de 16 km/h ?

2) Quel est le nombre de kilocalories dépensées pendant 45 min de natation ?

3) Un match de football dure une heure trente minutes. Combien de kilocalories sont dépensées par un joueur pendant un match en supposant qu'il n'est pas remplacé ?

4) Une personne fait une heure un quart de marche par jour pour se maintenir en forme. Quelle quantité de kilocalories dépense-t-elle pendant son activité journalière ?

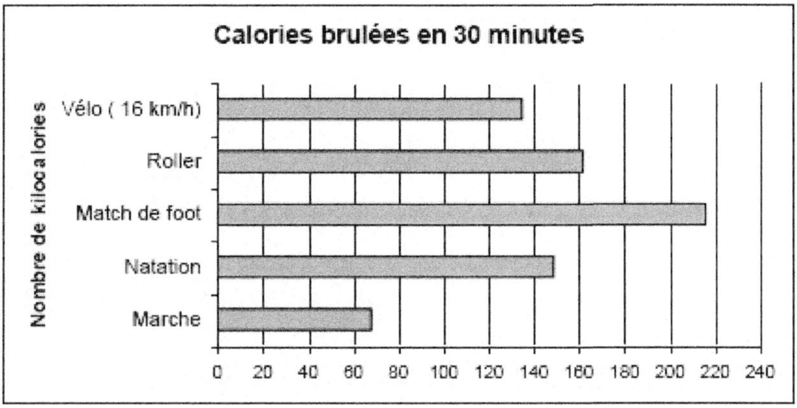

CORRECTIONS

(Testé dans trois classes de 5ᵉ avec réalisation d'un panneau pour présenter les résultats)

49 1) Comparaison du nombre d'enfants en surpoids aujourd'hui et en 1960 à l'aide de diagrammes circulaires (voir ci-contre) :

Calcul de la mesure de l'angle de la portion représentant les 20 % :

$$\frac{360 \times 20}{100} = \mathbf{72}$$

L'angle est de 72°.

Calcul de la mesure de l'angle de la portion représentant les 3 % :

$$\frac{360 \times 3}{100} = \mathbf{10{,}8}$$

L'angle est d'environ 11°.

2) Pourcentage des enfants en surpoids qui seront obèses à l'âge adulte :

$$\frac{25}{100} \times \frac{2}{3} = \frac{50}{300} \quad \text{soit } \textbf{environ 17 \%}$$

Diagrammes circulaires

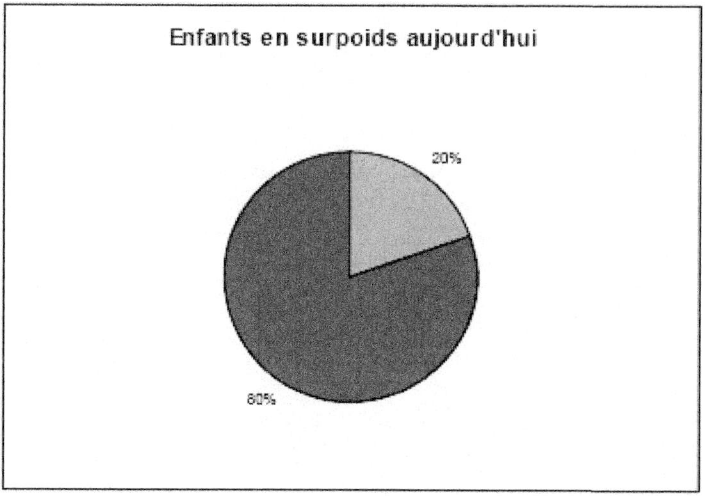

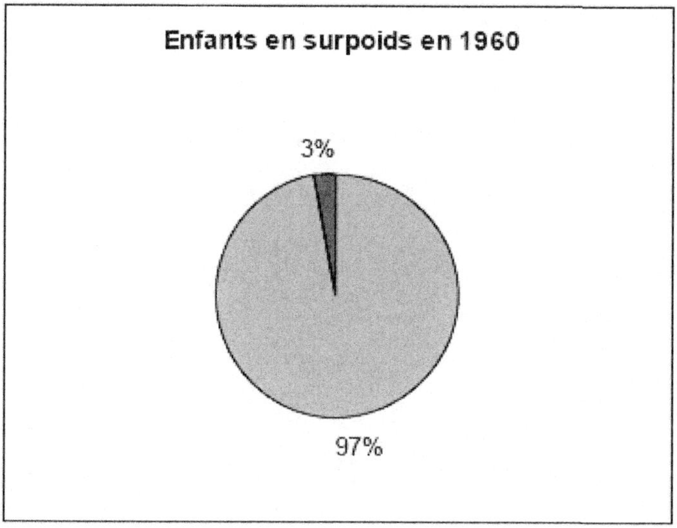

50 Les résultats dépendent de chaque classe interrogée.

51 1) Nombre de calories que doit apporter le petit déjeuner à un adolescent :

au minimum 2300 x 0,25 = **575**
au maximum 3000 x 0,25 = **750**

Le petit déjeuner d'un adolescent doit lui apporter entre 575 et 750 kilocalories.

2) Etude des petits déjeuners en kcal

Menu 1

Le premier menu de petit déjeuner apporte **520,16 kcal** et n'apporte donc pas toutes les calories nécessaires pour bien démarrer la journée. (voir ci-dessous)

30 g de céréales	0,3 × [(9,5 +74)×4 + 8 ×9]	121,8
125 g de lait	1,25 × [(3 + 4,8)×4 + 3,5 ×9]	78,375
175 g de pomme	1,75 × [(0,3 + 11,7)×4 + 0,3 ×9]	88,725
un verre de jus d'orange	1,25× [(0.7+8.3) ×4 + 0,3×9]	48,375
30 g de pain	0.3 × [(8 + 57,5) ×4 + 1 ×9]	81,3
10 g de beurre	0.1 × [(0,7 + 0,5) × 4 + 83 × 9]	75,18
10 g de confiture	0,1 × 66 × 4	26.4
	TOTAL	520,16

Menu 2

125 g de lait	1,25 × [(3 + 4,8)×4 + 3,5 ×9]	78,375
175 g de pomme	1,75 × [(0,3 + 11,7)×4 + 0,3 ×9]	88,725
un verre de jus d'orange	1,25× [(0.7 + 8,3) ×4 + 0,3×9]	48,375
100 g de pain	1 × [(8 + 57,5) ×4 + 1 ×9]	271
30 g de beurre	0.3 × [(0,7 + 0,5) × 4 + 83 × 9]	225,54
30 g de confiture	0,3 × 66 × 4	79,2
		791,23

Le deuxième menu de petit déjeuner apporte **791,23 kcal.** Il apporte donc toutes les calories nécessaires pour bien démarrer la journée. (voir ci-dessus)

52 À la lecture du graphique :

1) Le nombre de kcal dépensées pendant un parcours de 30 minutes à vélo avec une vitesse de 16 km/h est d'environ **135 kcal.**

2) Sur le graphique, le nombre de kcal dépensées pendant 30 minutes de natation est d'environ **150 kcal.**
Le nombre de kcal dépensées pendant 45 minutes de natation est :

$$150 + \frac{150}{2} = 150 + 75 = \mathbf{225\ en\ kcal}$$

3) Un match de football dure une heure trente minutes.
Sur le graphique, le nombre de kilocalories dépensées pendant un match de football durant 30 minutes est d'environ **215 kcal.**

Le nombre de kcal dépensées par un joueur pendant un match durant 1h30, en supposant qu'il n'est pas remplacé, est de :

215 x 3 = **645 kcal**

4) Une personne fait une heure un quart de marche par jour pour se maintenir en forme.
Sur le graphique, la personne dépense 70 kcal pendant 30 minutes de marche, soit 35 kcal en 15 minutes. Dans 1h15, il y a 5 quarts d'heure.
La quantité de kilocalories dépensée pendant une heure un quart de marche est de :

5 x 35 = **175 kcal**

CONCLUSION

Dans cette conclusion, nous essayons de tirer un bilan de nos activités mathématiques, mais aussi de livrer quelques conseils afin de mieux consommer. Nous sommes cependant très loin d'épuiser le sujet.

1. Faire un budget

Faire le bilan de ses dépenses et recettes, repérer les dépenses incompressibles (par exemple les charges contraintes : loyer, factures d'eau, d'électricité,...) est un préalable pour gérer son argent de manière sereine ; on peut se servir d'un simulateur de budget. Le solde du budget doit toujours être positif. Si les dépenses dépassent les recettes, la solution n'est surtout pas de prendre un crédit qui ne ferait qu'accroître le déséquilibre à cause des intérêts, mais de réduire ses dépenses en sacrifiant certains postes parmi les dépenses qui ne sont pas incompressibles.

Pour certaines personnes, faire un budget peut parfois sembler fastidieux. Dans ce cas, mieux vaut se fixer des objectifs raisonnables : faire un budget prévisionnel une fois par an, faire ses comptes une fois par mois.

2. Résister à la tentation

Nous vivons actuellement dans un monde où tout (la publicité, les médias) nous pousse à surconsommer. Une course permanente aux nouvelles technologies se fait au détriment de la fiabilité. Face à ces sollicitations, on est tenté d'acheter le dernier ordinateur portable, le dernier écran plasma, le dernier vêtement de marque, etc. Si on ne peut pas toujours résister aux sollicitations, il est important d'une part de distinguer nos besoins de nos désirs, d'autre part de vérifier que notre achat ne met pas en danger notre équilibre financier. On peut ensuite laisser mûrir nos projets afin de déjouer les pièges de la publicité qui mise sur l'aspect « enfant » de notre personnalité pour nous inciter à des achats pulsionnels que nous pouvons regretter par la suite.

En effet, de nombreux achats ne nous procurent qu'un plaisir immédiat et nous habituent à un train de vie qui nous fera exiger toujours plus.

Les publicitaires misent d'ailleurs sur cette cible que représentent nos enfants et adolescents pour nous inciter à acheter. Selon certaines sources, les enfants représentent un marché de deux milliards d'euros et, par leur influence, peuvent représenter un marché indirect de 60 milliards d'euros. Par conséquent, une véritable éducation à la consommation et à l'analyse critique de la publicité est à faire.

3. Calculer, comparer, relier

Mettre en application le calcul mental et réfléchi (pour faire du calcul approché) dans des situations de la vie courante (rendu de monnaie, estimation de montants, etc.) peut représenter un moyen de faire des économies. Il est difficile de tout calculer. Néanmoins, développer un sens des grandeurs et être capable d'approximation permet d'opérer des choix.

Comparer les prix entre les différents distributeurs, avoir une idée des prix des produits les plus courants peut être l'occasion de sérieuses économies. L'exercice « Quel magasin choisir ? » illustre cette démarche. Une récente étude a montré que la différence de prix entre les produits de grande marque et des produits équivalents dans d'autres magasins pouvait dépasser 60 %.

Pour le professeur, il peut être gratifiant d'apprendre à l'élève à relier les connaissances apprises en cours avec les applications pratiques. Faire faire à un élève un calcul correspondant à une situation réelle lui permettra de prendre davantage conscience du résultat que si cette information lui est fournie sans effort.

Pour l'élève, travailler avec des situations proches de la réalité lui permet d'être plus en lien avec elle et de pouvoir mieux l'appréhender par la suite.

4. Utiliser un crédit à bon escient

On peut prendre un crédit pour acheter une maison ou une voiture, toujours à condition de respecter l'équilibre de son budget. Pour les autres achats (équipements, vacances,...), on peut éventuellement utiliser les propositions de certains magasins de payer en 3 ou 4 fois sans frais, ou de prendre un petit crédit en 10 ou 12 mensualités sur un an. Mais en aucun cas il ne faut souscrire de crédit renouvelable. Ces crédits (évoqués dans les exercices « Réserve d'argent et cadeau » et « Partir en vacances sans souci et sans apport ») proposent des taux élevés (autour de 20 %), de petites mensualités, et la possiblité de s'en servir de manière permanente. Ils augmentent de 30 % à parfois plus de 150 % (avec l'assurance) le coût d'un bien de consommation. Ils sont la première source de surrendettement en France. Selon le magazine « Que choisir », 84 % des dossiers déposés en commission de surendettement comportent un crédit renouvelable, en moyenne six par dossiers.

Quelques exemples :

- une personne ayant contracté 34 crédits et accumulé 164 000 € de dettes ,
- une mère de famille qui empoisonne ses enfants en 2005 suite à une situation de surendettement similaire...

De plus ces crédits, sous prétexte de permettre un achat souvent compulsif, diminuent de beaucoup le pouvoir d'achat sur le long terme.

La question se pose de savoir, lorsqu'on a mis un doigt dans l'engrenage de ces crédits, comment sortir de cette spirale. Une solution possible est de ne pas contracter de nouveaux crédits renouvelables, puis de cesser d'utiliser ceux que l'on a déjà contractés, et ensuite de commencer à les rembourser progressivement. Tous ces efforts doivent s'inscrire dans la durée.

5. Consommer moins pour vivre mieux

Moins dépenser permet d'épargner un peu (ou beaucoup), procurant ainsi plus de liberté lorsque se présente un achat important à faire. Cela apporte aussi un sentiment de sécurité.

La surconsommation et l'endettement excessif (chaque américain possède en moyenne dix cartes de crédit) a conduit les États-Unis à la crise des « Subprimes » aux conséquences redoutables pour l'économie mondiale.

À l'heure de la médiatisation effrénée, on fait en revanche de moins en moins la promotion de ce qui est gratuit, ou peu coûteux.

S'inspirant de la citation de Molière, suggérons qu'il faut consommer pour vivre, et non pas vivre pour consommer.

BIBLIOGRAPHIE

Ouvrages :

Évelyne Adam, Anne-Marie Bock, Gilles Damamme, Claude Rustin, Hélène Ventelon, *Math à crédit*, éditions de l'APMEP, Juillet 2005.

Évelyne Adam, Gilles Damamme, Hélène Ventelon, *Mieux consommer grâce aux mathématiques*, Tome 2, Éditions Hermann, 2012.

Michel Soufflet, *Mathématiques de tous les jours*, éditions Vuibert, Février 2009

Articles :

« Cartes de magasins, les avantages sans les inconvénients », Que Choisir Hors-série Argent, Septembre 2001, p. 12 à 17.

« Crédit : les pièges des cartes de magasin », dossier du Monde des 25 et 26 novembre 2001.

« Les pièges du crédit permanent », 60 Millions de consommateurs, Novembre 2003 n° 377, p. 16, 17, 18.

« Crédit revolving : l'inadmissible opacité », 60 Millions de consommateurs, Avril 2007 n° 415, p. 20-21.

« L'Amérique droguée au crédit », Le nouvel Observateur, 1-7 novembre 2007, p. 70 à 72.

« L'incitation au crédit », Que Choisir, Janvier 2008, n° 455, p. 52 à 55.

« Promos bidons par lots entiers », Que Choisir, Juillet-août 2008, n° 461, p. 60-61.

« Cartes de crédit : Le piège du plastique », Le nouvel Observateur, 23-29 octobre 2008, p. 76 à 78.

« Le crédit revolving dans le collimateur », éditorial Que Choisir, Décembre 2008, n° 465, p. 3

« Toujours trop de sucre » , Que Choisir, Février 2009, n° 467, p. 16 à 21.

« Le hard discount s'envole », Que Choisir, Février 2009, n° 467, p. 30 à 34.

« Quand le piège est renouvelable », Que Choisir, Avril 2009, n° 469, p. 16 à 17.

QUELQUES SITES INTERNET (GRATUITS) UTILES

Le portail de l'Institut National de la Consommation :
http://www.conso.net/page/
avec des textes et circulaires sur l'éducation à la consommation:
http://www.conso.net/page/bases.6_education.2_textes_et_circulaires_pour_l_education_a_la_consommation./

Le portail des IREM (Instituts de Recherche sur l'Enseignement des Mathématiques) :
http://www.univ-irem.fr/spip.php

La page de notre groupe IREM « Math et consommation », où d'autres documents et exercices seront disponibles ultérieurement :
http://math.unicaen.fr/irem/spip.php?rubrique21

Sésamath, un site incontournable, dédié aux professeurs de mathématiques, mais aussi aux parents et élèves :
http://www.sesamath.net/

MathémaTICE : (disponible à partir de site de Sésamath)
Une revue consacrée à l'utilisation des TICE par les professeurs dans leur enseignement. On pourra y lire notamment deux articles présentant les tomes 1 et 2 avec des exercices téléchargeables en ligne :
http://revue.sesamath.net/spip.php?article302
http://revue.sesamath.net/spip.php?article401

Mathenpoche, où figurent des centaines d'exercices interactifs couvrant tout le programme de collège :
http://mathenpoche.sesamath.net/

Primaths : Une aide pour s'entraîner au calcul mental et notamment apprendre ses tables (lancer « primaths », s'inscrire, puis aller dans la rubrique « entiers ») :
http://www.multimaths.net/?page=putil

Calculatice, Rallye et exercices de calcul mental à la liaison CM2-sixième :
http://netia59a.ac-lille.fr/calculatice/

WIMS, du cours, des exercices interactifs tous niveaux, des calculateurs très puissants :
http://wims.unicaen.fr/

Statistix, où figurent entre autres un simulateur pour jouer au loto et un article sur « Les œufs Kinder et les figurines Shrek » :
http://statistix.fr/

La finance pour tous, le site de l'IEFP, où l'on pourra trouver un calculateur de budget simplifié, des exercices de mathématique et d'économie, une vidéo sur le surrendettement et de très nombreux articles sur la finance en général :
http://www.lafinancepourtous.com/

Une publication très explicative de la banque de France sur les crédits renouvelables :
http://www.banque-france.fr/ccsf/fr/telechar/publications/autres/chap14.pdf

L'institut national de la statistique :
http://www.insee.fr/fr/

INDEX MATHÉMATIQUE

INDEX THÉMATIQUE

REMERCIEMENTS

C'est un plaisir pour nous d'être édités par les éditions Hermann, et nous remercions son directeur Philippe Fauvernier d'avoir accepté notre projet et de nous avoir accordé sa confiance.

Merci à Anne Lautrou, sa collaboratrice, pour son aide.

Merci à Fanny Pauthier pour son aide dans la présentation et la mise en page.

Merci à Pierre Ageron, directeur de l'IREM de Basse-Normandie, de nous avoir apporté son soutien amical ces deux dernières années.

Merci à André Antibi d'avoir accepté de préfacer notre ouvrage.

Merci à Véronique Robert-Davrinche pour sa création de couverture.

Merci à Anne-Marie Bock et Danielles Salles pour toute l'attention avec laquelle elles ont relu notre manuscrit.

Merci à tous les animateurs IREM qui, à un moment ou à un autre, nous ont apporté leur aide.

Merci à Isabelle Laurent et à Charles Mahé pour leurs relevés de précipitations qui nous ont permis de faire l'exercice sur le récupérateur d'eau.

Merci à toute l'équipe de l'Institut pour l'Éducation Financière du Public pour les documents et les informations qu'elle nous a fournis.

Merci à Jérémie pour ses conseils de présentation et de mise en page.

Merci à Jonathan pour son aide dans les dernières relectures et les modifications de tableur.

Merci à Élisabeth sans qui ce livre n'aurait probablement pas vu le jour.

Enfin un grand merci à tous ceux qui ont collaboré de près ou de plus loin, à l'édification de cet ouvrage.

* * *

Imprimé en France par
LIGHTNING SOURCE
www.lightningsource.fr

Printed in Dunstable, United Kingdom

91222500R00100